第七届世界草莓大会系列译文集－19

智利白草莓
的恢复与改良

[智利] 塞西莉亚·塞斯佩德斯 L.　主编

张运涛　赵密珍　王桂霞　主译校

U0294141

中国农业出版社

北 京

预 祝

"第19届中国（江苏·句容）草莓文化旅游节"

圆 满 成 功

鸣 谢

感谢科技部国家重点研发计划"中欧草莓新品种合作研发与区域试验示范（2016YFE0112400）"资助！

感谢江苏省句容市白兔镇人民政府对本次大会的支持和对本书出版的资助！

中国园艺学会草莓分会

2019年12月1日

品种国产化

苗木无毒化

果品安全化

销售品牌化

供应周年化

生产机械化

新时代中国草莓人的梦想！

中国园艺学会草莓分会
2019 年 12 月 1 日

《第七届世界草莓大会系列译文集》编委会

译 者 序

　　草莓是多年生草本果树，是世界公认的"果中皇后"，因其色泽艳、营养高、风味浓、结果早、效益好而备受栽培者和消费者的青睐。我国各省、自治区、直辖市均有草莓种植，据不完全统计，2018年我国草莓种植面积已突破170 667公顷，总产量已突破500万吨，总产值已超过了700亿元，成为世界草莓生产和消费的第一大国。草莓产业已成为许多地区的支柱产业，在全国各地雨后春笋般地出现了许多草莓专业村、草莓乡（镇）、草莓县（市）。近几年来，北京的草莓产业发展迅猛，漫长冬季中，草莓的观光采摘已成为北京市民的一种时尚、一种文化，草莓业已成为北京现代都市型农业的"亮点"。随着我国经济的快速发展、人民生活水平的极大提高，毫无疑问，市场对草莓的需求将会进一步增大。2010年，"草莓产业技术研究与试验示范"被农业部列入草莓公益项目，对全面提升我国草莓产业的技术水平产生了巨大的推动作用。2011年，北京市科学技术委员会正式批准在北京市农林科学院成立"北京市草莓工程技术研究中心"，旨在以"中心"为平台，汇集国内外草莓专家，针对北京乃至全国草莓产业中的问题进行联合攻关，学习和践行"爱国、创新、包容、厚德"的"北京精神"，用"包容"的环境保障科技工作者更加自由地钻研探索；用"厚德"的精神构建和谐发展的科学氛围和良性竞争环境。

　　我们步入了新时代，中国草莓迎来了发展的春天。国产品种京藏香、京桃香、白雪公主、宁玉、越心、艳丽等已成为许多地区的主栽品种；书香、红袖添香和越心等品种的草莓苗已出口到俄罗斯和乌兹别克斯坦；2017 年我国出口速冻草莓 7.8 万吨，鲜草莓 0.23 万吨，草莓罐头 1.38 万吨，鲜草莓主要出口到俄罗斯和越南。河南一位叫孙庆红的青年农民种的草莓以 360 元/千克的价格出口到韩国。总之草莓产业是劳动力密集型和技术密集型产业，也是我国农业中的优势产业。在"一带一路"倡议下，我国草莓产业将会有更大的发展空间，草莓助力"一带一路"，美味传到四面八方！中国的草莓产业前景美好。

我们必须清醒地认识到，我国虽然是草莓大国，但还不是草莓强国。我国在草莓品种选育、无病毒苗木培育、病虫害综合治理及采后深加工等方面同美国、日本、法国、意大利等发达国家相比仍有很大的差距，这就要求我们全面落实科学发展观，虚心学习国内外的先进技术和经验，针对我国草莓产业中存在的问题，齐心协力、联合攻关，以实现中国草莓产业的全面升级。实现生产品种国产化、苗木生产无毒化、果品生产安全化、产品销售品牌化，这是两代中国草莓专业工作者的共同梦想，在社会各界的共同努力下，这个梦想在不久的将来一定会实现。

第七届世界草莓大会（中国·北京）已于 2012 年 2 月 18～22 日在北京圆满结束，受到世界各国友人的高度评价。为了学习国外先进的草莓技术和经验，加快草莓科学技术在我国的普及，在大会召开前夕已出版 3 种译文集的基础上，中国园艺学会草莓分会和北京市农林科学院组织有关专家将继续翻译出版一系列有关草莓育种、栽培技术、病虫害综合治理、采后加工和生物技术方面的专著。我们要博采众长，为我所用，使中国的草莓产业可持续健康发展。

《智利白草莓的恢复与改良》由智利农业科学研究院 Cecilia Céspedes L. 主编而成，书共分 6 个章节，从人类学角度审视了智利白草莓的身份地位，此外还介绍了智利白草莓的形态学、物候学和生理学特征及其栽培技术和苗木繁殖方面的信息，最后对纳韦尔布塔地区智利白草莓的生产进行了分析。众所周知，现代凤梨草莓（*Fragaria ananassa*）是智利草莓（*Fragaria chilioensis* L. Duch.）和弗州草莓（*Fragaria virginiana*）在欧洲相遇后，偶然杂交产生的。读完此书将会使你对智利草莓有更深入的了解。

在本书出版之际，我们还要感谢智利 Marina Gambardella 教授，她赠给了这本书（西班牙文原版书），并提供了许多帮助。

中国园艺学会草莓分会理事长　张运涛　研究员

2019 年 12 月 1 日

序言

　　地域特征通常由人口、传统、文化、历史及作物等因素决定。在这种情况下，白草莓的种植区域主要集中在纳韦尔布塔地区，尤其是普伦市镇（马雷科省）和孔图尔莫市镇（阿劳科省）。历史表明，这一地区的居民多年以来一直从事白草莓的种植；然而，由于缺乏增产技术、培训和生产条件，这一地区白草莓的种植面积日益减少。

　　由于其味道、质地、口感香甜绵软、果肉多汁，白草莓需求量很大。白草莓曾备受青睐，用量非常大，尽管价格较高，消费者仍争相购买。然而，由于种植者很难获得种植技术，保护其资源，白草莓的竞争力逐渐丧失。

　　正是在这一背景下，在农业创新基金会（FIA）的资助下，2015—2018 年，智利农业科学研究院（INIA）在 2014 年"农业和农业食品遗产改良"的框架内实施了"智利白草莓（*Fragaria chiloensis* L. Duch.）种植改良"项目（"PYT‑2014‑0244 项目"），恢复当地生态型种植，促进纳韦尔布塔地区小型农户的生态农业发展。该项目旨在识别和恢复当地农户生态型种植和生态农业生产，从而提升纳韦尔布塔地区白草莓种植的价值。为实施这一项目，需要孔图尔莫和普伦市镇生产者、有关机构和技术团队通力协作。

　　为了实现项目目标，同时提高产量，改善土壤质量，该项目重点实施了农户白草莓生态农业生产培训计划。通过栽培措施和生物控制重点研究管理实践、土壤肥力、杂草管理及病虫害防治。另一方面，进行了植物采集，以确定区域内智利白草莓的生态环境特征，这些材料在智利农业科学研究院 Quilamapu 分院的实验室中培养繁殖，从而获取清洁植株，供科研与示范单位及种植农民使用，用来繁殖母株。

智利农业科学研究院所积累的经验有助于了解该地区农民在智利白草莓作物保护方面的工作。同时，其所提出的创新可改善生产条件，建立生产者之间的协作联盟，将该作物纳入新的商业情景中。

智利农业科学研究院的这一出版物收集了农业生态系统、项目执行情况及该作物其他相关经验方面的客观信息，这些信息旨在保护和促进智利白草莓的可持续生产。本书的六个章节从人类学的角度审视了智利白草莓的身份地位，此外，还提供了该作物形态学、物候学和生理学特征及其农业生态管理和作物繁殖有关的信息，最后，对纳韦尔布塔地区的智利白草莓种植进行了经济分析。

Rodrigo Avilés R.

智利农业科学研究院 Quilamapu 分院主任

鸣 谢

　　在此特别感谢纳韦尔布塔地区草莓小商贩在本书编写过程中给予的支持和帮助。感谢他们的无私奉献、辛勤付出和友好合作。也感谢他们分享了祖先在智利白草莓管理方面的知识和经验。毫无疑问，正是世世代代草莓种植者的辛勤付出，才使得这一遗产物种得以延续，生生不息。

　　此外，还要感谢孔图尔莫与普伦市地方行动发展计划（Prodesal）技术团队以及孔图尔莫与普伦市地方发展负责单位的大力支持，没有这些人员的辛勤付出，特别是广大草莓种植人员的辛勤付出，就没有本书的出版。

目录

第一章

纳韦尔布塔地区草莓故事、认识和情况：智利白草莓作物（智利草莓）民族志研究法

Héctor Manosalva T. [①]

技术顾问：Noelia Carrasco H. [②]

1.1 前言

  智利白草莓因其芳香气味和口感历来备受青睐，是智利六大必备食物之一（Adasme 等，2005；Arancibia，2012）。白草莓是多年生天然草本植物，学名 *Fragaria chiloensis*（智利草莓）。智利白草莓属于蔓生植物，其果呈肉质，尖卵形，果肉奶白色，由许多瘦果组成，浓郁芳香，口感极佳（Hoffman 等，1988；Pardo 和 Pizarro，2013）。智利白草莓是由马普切人引种驯化和栽培的，马普切人将栽培草莓命名为 quellghen，将野生白草莓命名为 llahueṅ（Febres，1765）。在阐述其地理分布时，我们需要介绍一下白草莓的历史，因为其最初分布在今天的智利地区，西班牙人抵达智利后，将其传入今天的秘鲁（特鲁希略）、玻利维亚（科恰班巴）、厄瓜多尔（基多）、哥伦比亚（sabana de Bogotá）、委内瑞拉（加拉加斯山谷）和墨西哥（Patiño，2002）等地区。在智利，其已从

---

① 社会文化人类学家。人文学士。

② 社会文化人类学家。康塞普西翁大学博士。

Maule 地区的 Iloca 推广到 Aysén 的 Cochrane（Hinrichsen 等，1999）。白草莓主要在纳韦尔布塔山脉地区栽培，其中，一些地区长期以来一直从事白草莓种植，这一作物是这些地区的家庭财富。然而，随着作物的日益多样化及商业化进程的不断推进，智利白草莓这一作物正在消亡，其产量日益减少，影响了种植者的经济收益。

为描述纳韦尔布塔地区智利白草莓种植户所掌握的口述历史和当地知识的各要素，本书提出了一种定性研究法，通过该方法收集这些种植户所掌握的一些故事和知识，重点内容为白草莓栽培方式、食用与销售。此外，还调查研究了与该品种有关的历史因素、栽培活动的意义和影响白草莓及其他作物的问题。这项研究是在纳韦尔布塔山脉地区开展的。该地区以白草莓作物及其果实而著称，这得益于白草莓种植户的辛勤付出。

1.2　研究区域背景介绍

此项调查研究的重点区域为孔图尔莫和普伦市镇，尤其是 Pichihuillinco、Chacras Buenas、Manzanal Alto 和 Manzanal Bajo 等。它们同属于纳韦尔布塔地区。该地区种植着大量的智利草莓，与纳韦尔布塔山脉关系密切，从而产生了社会、文化、经济、环境影响，使得该地区有着得天独厚的条件。

本背景介绍主要由四个基本要素组成，这些要素阐述了该研究地区的背景。第一，介绍了这两个市镇的地理位置、人口统计和地理数据等基本情况；第二，介绍了各市镇演变形成的历史要素；第三，介绍了白草莓栽培的人口聚居区域的相关信息；最后是莱布—洛斯绍塞斯铁路的发展史，该铁路对于该地区非常重要，已有几十年的历史。关于这些市镇的地理位置，孔图尔莫市镇位于比奥比奥大区以南的阿劳科省，具体位于 Lanalhue 湖畔和纳韦尔布塔山脉的山脚下，面积为 961.5 平方千米，2002 年人口为 5 838 人，预计 2018 年可达到 5 449 人（INE，2014 年）。其中，58.17% 是农村人口，

41.83％是城市人口。18.3％的人口属于某些族群（INE，2012年）。而普伦市镇位于阿劳卡尼亚地区以北的马雷科省，周围是冲积平原，群山环绕，紧邻纳韦尔布塔国家公园。根据2002年人口普查，该地区面积465平方千米，人口12 868人，预计2018年可达到12 822人（INE，2014年）。其中，59.09％是农村人口，40.91％为城市人口。19.21％的人口属于某一民族（INE，2002年）。

从历史角度来看，这两个市镇都有着举足轻重的地位，都与纳韦尔布塔山脉有着很深的渊源，从各个历史阶段可见一斑，直至形成今天的状态。

普伦市始建于1553年，由Juan Gómez de Almagro根据智利总督Pedro de Valdivia的命令创建，当时称为Juan Bautista de Purén。1589年，Alonso de Sotomayor攻占了城堡。尽管如此，他遭遇了古马普切人的持续强烈抵御。这期间人口持续减少，城市遭到毁坏，引发了Curalaba灾难。后来，1655年，Francisco Meneses总督完全恢复了被毁坏的城堡，重新安置了定居点。然而，由于马普切人奋力收复失地，冲突和敌对行动不断，人们流离失所，四处流浪，迫使Gabriel Cano y Aponte总督下令拆除和永久遗弃该市。这一状况一直持续到1869年2月9日，当时Cornelio Saavedra Rodríguez上校创建了普伦，位于阿劳卡尼亚西北部。

随着这一地区的成功占领和和平统治，智利和欧洲殖民者纷纷涌入。尤其是瑞士人，他们在农业、工业、建筑和文化领域做出了重要贡献。1887年3月12日，在José Manuel Balmaceda的领导下，设立了马雷科省（Malleco）和安戈尔市（Departamento de Angol），在普伦设有代表处。1896年3月15日，该市的城市区域分布图获得批准，将该地区划为40个居住区。随后，1907年8月12日，智利国务会议（Concejo del Estado）批准了其最终创建。根据1925年《宪法》，智利第一次明确提出实行分权制，将政府职能与行政职能分开。然而，为避免危及国家的统一性，智利并未采用分权制。1936年，批准了对行政区划的修改，智利的省份扩大到25个（Cartes，2014年）。最终，1936年9月8日，设立了马雷科省和普伦市。

孔图尔莫市于 1868 年春设立，当时属于定居点。Cornelio Saavedra 下令在 Lanalhue 湖东部地区的两座牧场上进行建设工作。这两座牧场被护城河包围着，是由 25 名士兵组成的小分队的仓库和营房。随着时间的推移，由于其战略位置，是进入阿劳卡尼亚地区内部的关隘，控制着与阿劳卡尼亚地区的贸易和通讯，一些商人和殖民者纷纷涌入。后来，Cornelio Saavedra 占领了位于孔图尔莫和普伦定居点之间的空地，以便在该地区安置国家殖民者，有效将该地区纳入国家主权。然而，一些马普切人纷纷涌入，争夺该地区的所有权。这些族群与当局之间的长期判决，以及政府未批准 Saavedra 的工作，导致此次殖民地开拓失败，已在该地区定居的个人成为这一地区的租户（Pizarro 和 Contreras，1999）。1884 年，在所谓的阿劳卡尼亚和平统治结束后，随着 48 个德国家庭的涌入，San Luis de Contulmo 开始建造，这是由于 Oskar von Barchwitz - Krauser 牧师的管理。这一几乎未开发的区域布满了沼泽和茂密的植被。因此，建设任务非常艰巨，得到了智利和德国政府的支持，从农业和城市开发工作开始。最终，孔图尔莫市在 Juan Luis San- fuentes 政府的支持下通过 1918 年 8 月 20 日的最高法令设立，Paul Kortwich Glagow 先生当选第一任市长。

今天，Pichihuillinco、Chacras Buenas、Manzanal Alto 和 Manzanal Bajo 镇居住着纳韦尔布塔地区的草莓小商贩。Luis Risopatrón 工程师记载了这些城镇的情况。1924 年，Luis Risopatrón 工程师出版了《智利地理词典》，提供了智利多个地理区域特征的重要数据。虽然 Risopatrón 并未给出所有这些地区的准确数据（可能是因为今天所观察到的数据当时并不存在），但他却描述了与这些地区相关的地区，并描述了当时居住在这些地区的人们的一些特征，而这些人可能是今天的草莓小商贩的原型，也是此项研究的重点。作者提到了 Estero Chacras Buenas，该河口可能与该地区同名，与 Pichihuillinco 有关。需要指出的是来自全国定居者的定居点就是在其边缘形成的。其流向为自北向南，灌溉着同名的农场，向西转弯汇入 Licauquén 河口，形成 Lleu - lleu 湖的 Huillinco 河。他还描述了 Manzanal 殖民地，该殖民地可能与 Manzanal Alto y Bajo 镇有关。该殖民地由全国的定居者形成，同名的河口贯穿该地区，距离普伦西部很近（Risopatrón，1924）。

最后，很有必要阐述一下莱布—洛斯绍塞斯铁路的发展史，该铁路对于该地区非常重要，将整个纳韦尔布塔地区连接起来，给这一地区带来了进步。莱布—洛斯绍塞斯铁路现已不复存在。该铁路始建于 1908 年，当时 Gervasio Alarcón 取得了这一宽轨铁路的建造特许权，将两座城市连接起来，并接入雷奈科—安戈尔—Traiguén 分段。1910 年，这项特许权转让给一家名为"智利东部中央铁路有限公司"的英国公司，该公司于 1915 年破产，在这期间完成了莱布—Los Alamos 段及洛斯绍塞斯—Guadaba 段。该公司被 Carbonífera de Lebu 收购，在修改了特许权条款后，增加了资本。1923 年，完成了莱布—贝雷科及洛斯绍塞斯—普伦段，至此还剩下贝雷科至普伦段（50 千米）。1928 年，Carbonífera 公司将特许权转让给国家铁路公司（Ferrocarriles del Estado），该公司修建任务相当艰巨，必须穿越山脉，将莱布—贝雷科段与洛斯绍塞斯—普伦段连接起来。Ricardo Herrera 承包商经过多年的不懈努力，终于实现了这一目标，于 1934 年完成了纳韦尔布塔隧道的施工（Pérez 和 Valenzuela，2010 年）；该线路还涉及孔图尔莫、La Huiña 和 Sanzana 隧道（建于 1932—1937 年）和 Nuehuelbuta 隧道（1938 年竣工）的建设。1939 年，莱布—洛斯绍塞斯分段交付国家铁路公司使用（Pérez 和 Valenzuela，2010），洛斯绍塞斯站至莱布站总长 142.3 千米，由一系列车站组成，如 25.7 千米处的普伦站及 39.8 千米处的纳韦尔布塔站。这条铁路主要用于货物运输，最初用于运输莱布矿山的煤炭，后来运输纳韦尔布塔山脉林区的木材。在客运方面，1952 年，开通了一辆客货混合列车，此外还开通了一辆小型客运列车，每周运行 3 次以满足康塞普西翁市的交通出行需要，该列车途经洛斯绍塞斯、安戈尔、雷奈科、Santafe 和圣罗森多，终点站为最古老的康塞普西翁站。客货混合列车于

1980 年停运，小型客车于 1985 年停运，当时，莱布—洛斯绍塞斯线关闭，结束了该地区数十年经济发展的主要推动力。

1.3 智利白草莓的历史：四百多年以来的事实、叙述、描述

通过收集各种故事，进行调查研究，可以确定各阶段白草莓的情况，发现其在智利历史悠久、源远流长。智利草莓的最早记载，出自于军事编年史；当时第一批西班牙人于 16 世纪中叶抵达智利，记载了关于草莓的故事。其中，首次提及白草莓的故事编写于 1542—1552 年，Pedro de Valdivia 在其通信中提到了大量的白草莓及其地点：

"在三十六度的地区种植着大面积白如珍珠的草莓，数量简直难以估计。"（Medina，1882：194）

在 16 世纪，另一个提到白草莓的编年史学家是 Jerónimo de Vivar，他随 Pedro de 瓦尔迪维亚远征智利，1558 年写了一部编年史，非常详细地记载了欧洲殖民前 15 年的情况。Jerónimo de Vivar 记载了到康塞普西翁市郊的情况，称其在该市郊期间遇到了这一物种，描述了其一些特征和食用方式。

"圣地亚哥市遍地是草莓，印第安人将其做成草莓果汁，味美可口，有点像无花果。"（Vivar，1966：153）

在瓦尔迪维亚期间，他描述了该地区及其作物，记录了草莓的形态特征和地域分布特征。

"这里有菠萝和我所说的草莓。草莓叶如三叶草，不过叶片要大一些。"（Vivar，1966：158）

Pedro Mariño de Lobera 于 1551 年抵达智利，在瓦尔迪维亚的率领下征战，在这一地区多年，直至 1562 年调往利马；他提到

了智利地区大面积的草莓作物，以及草莓的一些特征。

"此外，还有大面积的草莓种植园，该地区因此得名。这种草莓结出的果实与普通草莓差不多，只不过数量更大，口感更细腻香甜，无与伦比，因此被称为智利草莓。"（Mariño de Lobera，1865：49）

1590 年，José de Acosta 神父出版了《西印度群岛自然与人文历史》一书。书中描述了秘鲁和墨西哥土著居民的仪式、习俗和口头叙事，以及新大陆的地理、植物、动物和自然资源财富。此外，Acosta 神父还详细记录了白草莓的某些特征及其培育和管理形式。

"当地人所称的智利草莓还是一种美味食物，虽然味道与樱桃差不多，但与樱桃截然不同：因为它并不属于木本植物，而是草本植物，植株较小，沿着地面向四周蔓延，果实较小。果实成熟逐渐变白时，其颜色和种子类似于黑莓，但其形状更尖细，而且比黑莓个大。当地人介绍说这种草莓属于野生植物，而我所见到的是它们按垄种植，和其他田园植物一样。"（Acosta，1590：244-245）

1596 年，Pedro de Oña 在其《阿劳科的征服》史诗中歌颂了这一作物：

"这种草莓我不忍品尝，因为它是大自然的恩赐，多汁诱人……因此享誉全球。……非常可口。"（Oña，1944：336；Pardo y Pizarro，2013：224）

17 世纪，智利草莓仍见于各种编年史，但大多数都是开始涌入智利的宗教人士提到的。这些作者在其描述中提供了更准确的数据，提及的白草莓这一水果的加工和消费信息更多。1605 年，西班牙的 Fray Diego de Ocaña 报告了其经由智利前往奇洛埃岛的情况，他发现这一植物及其果实，并介绍了其特征和食用方式：

"这里生长着大量的智利草莓，和普通草莓类似，在草地上、小灌木丛和地上都略高一点。农场上也种植着大量的草莓，他们将其制

成草莓干和果汁食用，以此为食。"（Ocaña，1969：115 于 Pardo y Pizarro，2013：224）

　　西班牙士兵 Alonso González de Nájera 1614 年所著的战争编年史对西班牙在智利采用的战争策略进行了广泛分析。他提到了智利本地出产的水果和从西班牙带来的水果，以特别的方式描述了智利草莓的优良品质和独特性，报告了其特征、管理、消费、加工等情况。

　　"……去观察它们是否比当地的一种水果具有优势。这种水果在色泽、味道、芳香和健康方面更胜一筹，虽然有些易生痰。这种水果称为草莓。由于其非常优异，其受欢迎程度比西班牙大多数高品质的水果更具有竞争性，其果实呈心形，白色或粉红色。口感细腻，入口即化，非常易于消化。该水果不用剥皮，表面与杨莓近似，但不像草莓树那样坚硬，因为果实非常柔软细腻；最后，需要提到的是，该水果无果核及其他需要扔掉的东西，整个果实均可食用，所有部分都是不错的小吃。印第安人用其酿酒，并在阳光下晒草莓干，是一种不错的食物。这一水果是一种不起眼的植物结出的，该植物已经栽培数年，被称为智利草莓。"（González de Nájera，1889：23 - 24）

　　该作者还讲述了关于智利草莓的非常特别的故事，讲述了印第安人与西班牙人的作战方式，利用地形特征伏击并击败西班牙人：

　　"然后，他们在一些山坡和显著的地方种植了草莓。他们从远处出现并潜入山区，在我们的部队经过的时候伏击他们，因为凭借他们的经验，他们知道，那些不遵守纪律且几乎很少受到警告的士兵，大部分是我们的骑兵，总是来到这里。他们经常和草莓小商贩在一起。一些不守纪律的士兵不但下马，还将其长矛留在马上，将其火绳钩枪留在坐骑上。他们卸掉盔甲，一点都不怀疑印第安人。他们完全被草莓吸引了，而他们的敌人正在偷偷地接近他们。他们正在津津有味地品尝着敌人的诱饵，但敌人突然出现，拿着他们的长

矛，结束了他们的生命。"（González de Nájera，1889：89）

后来，1646 年，Alonso de Ovalle 神父在《智利王国历史》中描述了草莓的销售情况，并与其在意大利发现的草莓进行了对比：

"这种水果通常无需购买。他们可随便进入菜园，尽情享用。只有被称为草莓的水果才进行出售，因为虽然该水果是该地区的典型水果，我也发现其大面积种植，但这种水果与其他水果相比优势太多，因此其栽培者可以大赚一笔。该水果在气味和口感方面与我在罗马看到的截然不同，在数量方面也不同，因为他们个大如梨。尽管它们通常是红色的，但康塞普西翁市的草莓也是黄白色的。"（Ovalle，1646：8）

1653 年，编年史家和西班牙耶稣会牧师 Bernabé Cobo 在自然科学和植物学方面做出了重要的贡献，描写了智利草莓的特征，具体如下：

"智利草莓仅生长在智利。因此，西班牙人将其命名为智利草莓（强调其产地）。该水果味道可口，是大自然的恩赐，是智利野生的水果，生长在未开垦的土地上。"（Cobo，1964：157 于 Pardo y Pizarro，2013：223）

17 世纪一部非常重要的著作是 Núñez de Pineda y Bascuñan 所著的作品。Núñez de Pineda y Bascuñan 是一名生于智利的西班牙士兵，参加了 Cangrejeras 战役，后来被 Maulicán 首领俘虏入狱，在那里关押了 7 个月。1673 年，他在《快乐的囚禁及智利王国持久战的特殊原因》一书中讲述了其与阿劳卡尼亚人的经历。他在书中介绍了许多事情，多次提到了当地人在宴会上食用的草莓，并指出他们将其制成吉开酒：

"我友好地对我的朋友说，很荣幸遇到你们，我帮他咬了一口。后来，他的女儿走了过来，给了我一大罐草莓吉开酒（味道好极了）。"（Pineda y Bascuñan，1863：478）

在与 Quilalebo 首领（也是指挥官）交谈中，他向他讲述了他妻子为交换俘虏准备的东西。通过这些东西，Pineda y Bascuñan 将被释放。其中就包括两袋草莓干。

"……我们走了进去。在那里，他给我们看了一些随行的物品，母鸡、公鸡、蛋卷、玉米粉蒸肉、馅饼、香肠、烤面包，还有两袋草莓干……。"（Pineda y Bascuñan，1863：478）

1674 年，西班牙历史学家和传教士 Diego de Rosales 写了《智利王国通史：弗兰德斯印第安人》一书。他指出，基约塔、圣地亚哥、康塞普西翁、瓦尔迪维亚、安戈尔和比亚里卡地区都种植有白草莓。

"这种智利草莓与普通草莓几乎一样。但有一个优点：它的根煮熟后，取一块黏土将其烧成灰，煮后服用。这对于女人流产非常有效，因为它可以使胎儿停止发育，而且对母亲有安神之效。"（Rosales，1878：243）

该作者还讲述了他在基约塔市佩德罗·巴尔迪维亚的经历。在那里，他见到了求和的首领，获得了大量的草莓。

"山区的酋长带来了许多礼物，其中包括大量的草莓。很荣幸见到他们。我们的谈话很愉快。很高兴见到他们，也很高兴能与西班牙人和解。"（Rosales，1878：432）

18 世纪和 19 世纪，军事类编年史和宗教类编年史逐渐衰落，旅行家、科学家、自然学家和历史学家（大多数是从欧洲涌入的）开始纷纷涌入。他们描述了动植物群落，以及智利的居民和风土人情。其中，最先抵达智利的一批旅行家和自然学家包括法国人 Amadeo Frézier，他在智利草莓发展史上发挥了重要的作用。Frézier 前往智利和秘鲁研究西班牙的军事防御及其港口。他于 1712 年 6 月抵达康塞普西翁，在那里开始了智利领土的观察和研究。他参观了瓦尔帕莱索、圣地亚哥、科金博、拉塞雷纳和科皮亚波，随后到达秘鲁，于 1714 年回到法国。在远征期间，他绘制了各种地图，并进行了各种描述，记载了在此期间智利的物理和社会情况，重点研究了智利全国的动植物群落。他不仅描述了草莓的情况，还是将一些草莓标本带回欧洲的第一人（1714）：

"这里遍地是草莓，但与我们的草莓不同。这种草莓的叶子要比我们的圆，肥厚多毛。这种草莓的果实普遍大如坚果，有的大如鸡蛋；果实呈奶白色，口感不如我们森林里的草莓细腻。我前往皇家花园庄园，他们在那里种植草莓。"（Frézier，1982：79）

60 年后，智利知识分子 Abate Juan Ignacio Molina 非常想了解智利的自然和物理历史，全面阐述了智利草莓，重点介绍了其特征、分布及 Frézier 将其带回欧洲的情况。

"这种称为 Quellghen 的智利草莓只有叶子与欧洲草莓不同。这种草莓叶子肥厚多毛，草莓果实普遍大如坚果，有的大如鸡蛋。虽然这些草莓通常和欧洲的草莓一样，呈红色或白色，但在 Puchacay 和 Huilquilemu 也有黄色草莓，因此品质也比其他地区的优良。早在几年前，这种植物就被引入欧洲。在一些地方，特别是巴黎皇家花园及距离伦敦不远的切尔塞，它们长的很好。在意大利博洛尼亚的外来植物果园，园主 Gabriel Brunelli 博士非常悉心地照管着这种植物（在与他的几次交谈中，我发现他在自然科学方面博学多才，令我佩服），他让我看了智利草莓最常见的品种，即白草莓：不过说实话，这种植物在移植过程中已经明显退化，因为其在果实大小、香味和口感方面远远不如智利本土的草莓。因此，在智利和欧洲均有种植的普通草莓在智利有着人们可追求的一切品质。"（Molina，1788：141–142）

18 世纪下半叶，智利人 Vicente de Carvallo y Goyeneche 的著作《智利王国史记》于 1876 年出版。该作品简介描述了智利草莓，提到了其加工方式和发酵饮料的制作方法。

"这种智利草莓被印第安人称为 Quellghen，被西班牙人称为 frutilla，在智利遍地都是。无论是果实大小还是品质，都优于西班牙草莓。果实呈白色、黄色和红色，香甜浓郁。印第安人晾晒了许多草莓。每逢冬季和春季，他们都将其放入水中发酵，酿造出味美的草莓酒和饮料。"（Carvallo y Goyeneche y Alegre y de Villarreal，1876：10）

19世纪，自然学家和历史学家的作品更加频繁，引发了对智利的动物、植物、地质和地理进行了广泛的研究。其中最著名的作品是 Claudio Gay 的《智利政治与自然史》。该书于1865年出版，描述了智利农业和植物学的要素。他更侧重于采用民族志的研究方法描述白草莓，提供了其种植和销售数据。他介绍了引入欧洲的草莓的最终结果，也介绍了普通草莓引入智利后的情况。

"被阿劳坎人称为 quellghen 的草莓或智利草莓在智利属于野生植物，自然生长。特别是在智利南部大面积种植。此外，在花园和果园中也种植着这种草莓，其密度通常大于核桃的大小。这种草莓为粉红色。然而，随着栽培种植，其逐渐变白，尤其是在北部，只有第一年呈粉红色。它是当地食用的第一种水果。每年11月，水果商贩骑马或骡子走街串巷，将其放在大篮子里低价出售。当地人还经常到农场食用，这得走一段路。从这个角度来讲，圣地亚哥附近的 Renca 村在很久以前就非常著名。这种草莓在欧洲也广泛种植，而且品种多样，所有均被称为智利草莓或菠萝莓。虽然缺乏普通草莓的芳香，但因为其肉厚，口感细腻，备受青睐。其引进可以追溯到一个半世纪以前。是由《南海之行》作者 Frézier 工程师引进的。Frézier 历尽千辛万苦，将5棵引入法国。其中的两棵不得不送给船长，以换取浇灌用水。剩下的3棵，一棵给了 Souzy 部长，另一棵给了 A. de Jussieu 教授，最后1棵留在了 Brest 港。这5棵标本都只在法国种植，至少到1820年，当时自由贸易允许大量引进。自1830年以来，欧洲的普通草莓也被引进智利，但仅在一些果园种植，而且数量很少。"（Gay，1865a：113 - 114）

关于这一植物及其果实的形态学，他也给出了精确地数据：

"这种植物可达 1 英尺①高，叶多毛，茎长，非常细，稍有纤维。根状茎长而薄，长有几片叶子，叶柄细长，3 片叶片未展开，边缘呈锯齿状。定点向上凸起，有小锯齿，低矮有毛。顶部几乎完全无毛；侧面为长椭圆形，倾斜无叶柄，长 8～12 厘米，宽 5～7 厘米；末端只在其上半部分有锯齿，且带叶柄。托叶较大，膜质，暗红色，近全缘，非常细尖。花呈白色，有时由于雌性掉落，雌雄同株，大萼片，毛多，长圆形的花瓣；果实上有许多雌蕊，嵌在椭圆形、多汁、有时非常大的雌蕊中。"（Gay，1865b：305－306）

19 世纪下半叶抵达智利的德国植物学家 Karl Reiche 对智利全国的植物群进行了植物学研究，研究成果发表在智利大学的年鉴上，遗憾的是这部作品并未完成。他描述了草本水果植物，其中包括草莓（智利草莓），提供了采摘时间及销售场所等新信息。

"毫无疑问，排名第一的水果包括本地草莓——智利草莓，在南方非常普遍，花园和和特殊种植园（草莓园）里种植着许多杂交品种。其中一些果肉为白色。11 月和 12 月，大量的草莓涌入圣地亚哥市场。阿劳坎人将其制作成草莓干等食品，并酿造了一种发酵饮料。"（Reiche，1938：310）

1900 年初，德国籍圣芳济教会传教士 Félix José de Augusta 出版了一部著作，主要侧重于马普切语的语言要素。Félix José de Augusta 致力于研究该镇的风土人情。他简要描述了一些与智利草莓有关的元素，例如草莓疗法在驱除恶魔方面的魔力和神圣性。

"治疗师正在与……程序作斗争。为将其驱逐出去，当地人守着入口。一些芳香的草，比如草莓，被治疗师吸收。治疗师称，这些香味能驱散最令人恶心的臭味。因为对恶魔而言，所有美好的事物及所有的道德都是令人厌恶的。"（Augusta，1910：258）

---

① 英尺为非法定计量单位，1 英寸≈0.304 8 米。

德国籍圣芳济教会传教士 Ernesto Wilhelm de Moesbach 从 1920 年就在阿劳卡尼亚进行传教，被马普切人的语言和习俗所内化。后来，他发表了《智利土著植物学》一书，对智利草莓进行了非常详细的分类和描述，包括历史数据及其分布：

"Quellén（Kellén）旧称 llahuén（Fragaria chiloenis：L. Duch.），俗称智利草莓。从沙滩的沙丘到安第斯山脉，无处不在。在 Cordillera de las Raices 山脉（位于库拉考廷和隆基迈中间），在 Araucarias 的顶部，遍地都是野生草莓。每年 1 月和 2 月，它们色彩缤纷：绿叶、白花、红果。与果园中栽培的草莓相比，野生草莓个小，产量也低，但味道更芳香。对于阿劳卡尼亚的古代居民来说，这种珍贵的水果非常重要。在当令时节，它们是生鲜甜品，在冬季食物缺少时，是干品，还是亲朋相聚和各种宴会的美味吉开酒。草莓全身还可用药。草莓茶可用于治疗消化不良、出血和腹泻，也可用于防止视力障碍。"（Moesbach，1992：82-83）

工程师、考古学家、民族学家和民俗学家 Ricardo Latcham 提供的数据有助于我们了解 20 世纪 30 年代中期白草莓的分布情况。

"……被印第安人称为 quelghen 或 llahuen 的白草莓在南部康塞普西翁的荒地上非常常见。"（Latcham，1936：73）

从 1950 年开始，农学和基因科学就开始描述和研究白草莓，希望揭开这种特殊植物的秘密。Darrow（1957；1966）、Hancock（1990）、Lavín 等（1993；2000）、Hinrichsen 等（1999）、Lavín y Maureira（2000），以及 Adasme 等（2006）的作品提供了智利草莓特征方面的新数据。最后，研究人员 Ziley Mora 描述了与该物种相关的一些元素，例如其词源、生境、神圣性及药用价值。白草莓可用于治疗腹泻、痢疾和消化不良，主要用药部分是花萼（具有镇静和润滑功效）及根部（具有止血功效），可用于治疗各种肠胃消化不良。它还可以用于治疗血尿和出血，其根部可泡茶喝，治疗晚期妊娠并发症，预防早产。其可泡茶喝，根使用剂量大时，尤其是和叶一同使用，可导致流产。根部温热服用，还可以治疗眼睛发炎和视力障碍。其还可用于治疗尿潴留，因为天然草莓泡茶喝具有利尿和开胃的疗效（Mora，2012：53 - 57）。

1.4　白草莓销售故事

以下是参与本次研究的草莓小商贩口述的故事，他们回忆了智利草莓销售的相关经历和情况。本系统论述旨在评估和确定口述历史的各个要素，为后人介绍白草莓的历史背景，搜集和保存这一群人的经历（Folguera，1994）。因此，我们希望在此重现一个故事。该故事从时间顺序和特定的角度讲述了整体进程、商业关系、各种社会力量等要素。

1.4.1　白草莓的兴衰史

最长寿的受访者的记忆可以追溯到 1940 年初，当时已经有商人来水果店购买白草莓。通常，原来的草莓小商贩采用计量出售法，使用盘子或杯子计量白草莓的数量，然后前往销售。

"……他们最初通过测量方式销售，使用盘子……盘子里放着许多，许多人要一些，然后出售……刚开始卖一比索，当时……我大约 12或 15 岁。之前，很便宜……当然，他们都是带着篮子来买的……篮子里装着一个碟子，他们用碟子装，直到篮子装满为止。然后，他们前往城镇出售。"（男，82 岁。采访时间：2016 年 10 月 21 日）

据草莓小商贩回忆，1945 年左右，他们用篮子采摘草莓，然后赶着马车去普伦出售。他们在面包店里交付水果，面包店为他们称重。在面包店里，他们与该地区的买家见面，买家乘火车到外地出售。其中一位受访者描述了整个过程：

"……火车已经到了，我们将在那里出售草莓。在此之前，我不知道如何卖草莓。人们赶着马车，没有带别的东西。爸爸把草莓交给了一个男人，那个人打算拿着草莓去洛塔（Lota）卖。……我们打算把它交给一个从洛塔来的人，我们将在学校门前的一个面包店内交货，那里有一个 500 千克的称。那是在普伦，我们总是赶着马车，直到到达普伦，坐在马车上，脚离地不远。"（男，80 岁。采访时间：2016 年 11 月 11 日）

自这 10 年结束以来，开始在普伦站交付白草莓。草莓小商贩采摘白草莓并放入 10 或 15 千克的篮子里，然后赶着马车到火车站。在那里，雷奈科、安戈尔和康塞普西翁的买家在普伦住下后购买白草莓，然后乘坐火车回到他们所在的城市出售。

"……然后放在篮子里，篮子里装满了草莓。随后，我们把它们卖给了来普伦的商人。他们是从安戈尔和康塞普西翁来的，我们赶着马车，马车上装着篮子。我们将去普伦站卖草莓。火车来了，他们住了下来，随后回到康塞普西翁。商人买了草莓之后前往康塞普西翁等大城市出售。我们把草莓卖给他们，他们买了草莓去别的地方卖。"（男，82 岁。采访时间：2016 年 10 月 21 日）

与此同时，一些人开始从普伦站乘火车去外地推销草莓。他们到达了安戈尔、洛桑赫莱斯和康塞普西翁等城市。前往康塞普西翁需要长途跋涉，途经洛斯绍塞斯、雷奈科和圣罗森多，最后到达康塞普西翁站。在康塞普西翁，白草莓按千克出售给管理中央市场的中间商，那里草莓非常畅销，价格也很好。

"我们从普伦出发，然后穿过洛斯绍塞斯和安戈尔，从安戈尔穿过雷奈科……从雷奈科前往圣罗森多，最后抵达康塞普西翁……那里有许多城镇，我们去了康塞普西翁市场，在那里出售了白草莓。"（男，82 岁。采访时间：2016 年 10 月 21 日）

自 20 世纪 50 年代以来，上述动态发生了变化；这是由于莱布—洛斯绍塞斯站线路运行日益稳定，开通了一辆每天一次的客货混合列车，此外还开通了一辆每周运行 3 次的小型客运列车。火车成为运输煤炭和木材等原材料的工具，也是人们出行的工具，开往康塞普西翁、洛桑赫莱斯、特木科等大都市。此外，从事白草莓栽培的草莓小商贩人数激增，这可能是其销路很好，发展迅速的原因，这得益于该地区的条件。草莓种植也扩大到孔图尔莫和普伦等地区。

"然后我们开始搬草莓，其他人也在搬草莓。我们都到达那里。纳韦尔布塔的草莓小商贩要比普伦的多。那边也在交付草莓；我把运往普伦的草莓全部运往纳韦尔布塔，因为那里离火车站非常近。"（男，80 岁。采访时间：2016 年 11 月 11 日）

自此开始，纳韦尔布塔开始繁荣起来。纳韦尔布塔位于莱布—洛斯绍塞斯线 39.8 千米处，紧邻纳韦尔布塔学区。该地区位于中心地带，当时的白草莓产量更高，吸引了 Chacras Buenas、Pichihuillinco 和 Manzanal 的草莓小商贩。这些地区的草莓小商贩赶着马车，车上装满了白草莓篮子，前往火车站出售。从最远的地区（如 Pichihuillinco）到火车站需要两个小时。因此，种植者采摘了数吨的草莓，各地的买家通过火车车厢将这些草莓运往各地销售。其中一个受访者谈到：

"当时，我们已到达纳韦尔布塔，那是 20 世纪 50 年代。它们装在马车上，将运到纳韦尔布塔出售……此外，所有商品都是装在大篮子里，大约 20 或 18 千克重。需要走两个小时……两个半小时，因为需要格外小心，防止马车颠簸太厉害，或者马车翻车，压碎草莓……那时，已经装 100 千克或 80 千克……马车至少要装 3 吨，因为它是这里所有人的救命稻草。"（男，67 岁。采访时间：10 月 12 日）

多年来，纳韦尔布塔站一直是白草莓销售的神经中枢，并逐渐发展成熙熙攘攘的市场，许多本地产品都在这里交换和销售。此外，许多外国商人也慕名而来，前来购买白草莓等水果。他们带来了各种各样的产品，而这些产品对于居住在该地区的人来说并不常见，尤其是服装和纺织品、厨具、餐具、清洁用品等。

"附近有一所学校。隧道就在那里……出了隧道就是火车站。那里有房子，还有餐厅，在那里可以喝酒。在火车站，商人仍然在卖东西。他们带来许多东西出售……他们带来了货物、羊毛……他们还带来了罐子，在这里是买不到的。"（女，73 岁。采访时间：2016年 10 月 20 日）

20 世纪 60 年代和 70 年代，白草莓种植业特别繁荣，生产和销售都达到了新的高度。纳韦尔布塔站仍是草莓小商贩和买家进行交易的重要场所。据受访者回忆，在这期间，每年 12 月，买家每周至少 3 次来这里采购白草莓；自首次圣母无染原罪节采摘（庆祝圣母无染原罪节）开始，草莓交易市场相当活跃，直至圣诞节和新年，销量开始下降。草莓在商人到来前一天采摘，采摘量每天可达80～100 千克。

白草莓放在重达 22 千克的篮子里，然后装入几个马车运走。为增加草莓的装运量，马车分为上下两层，中间放上垫子，以减少篮子间的碰撞。然后出发，到达纳韦尔布塔高地（今天的纳韦尔布塔学校），随后下坡到车站，那里多年以来商业一直非常繁华。草莓小商贩赶着马车到达后，就和买家商谈价格，然后开始出售草莓。商人一般来自于洛桑赫莱斯、康塞普西翁、普伦和特木科。接到草莓后，他们将其装上火车，装了好几个车厢。其中一个受访者介绍了当时的情况：

"……马车上分为两层……下面装满了篮子，因为在此之前只有篮子，所有东西都装进篮子里。马车有底层和中层。需要运输的草莓很多，要运到纳韦尔布塔高地需要 3 驾马车，然后前往纳韦尔布塔站，在那里出售草莓……整个车装满了草莓，装满草莓的马车直接前往康塞普西翁……大概有三四驾马车，东西很沉，而且装满了。那是一个小镇……纳韦尔布塔站，12 月还是一个小镇。人们从四面八方来到这里，有的来自于 Pichihuillinco，有的来自于Huillinco，哪的都有，带着草莓……商人们也来到这里。他们每隔一天来，因为最好的日子是周一、周三和周五……这几天是商人们来的日子……"（女，55岁。采访日期：2016年10月20日）

当买家到达纳韦尔布塔站时，稍晚一些时候，草莓小商贩也前往白草莓交付的城市（主要是满足康塞普西翁的需求）。几十年以前普伦站的交易仍在进行，但随着莱布—洛斯绍塞斯线的运输量平稳加大，交易量也有所增加。这种现象是买家支付的纳韦尔布塔站不合理的当令白草莓价格引起的，促使草莓小商贩不得不扩大市场。起初，营销之旅都是在亲戚之间组织的，乘坐客车，装着草莓的篮子就是他们的行李。后来，他们设法组织和租赁火车车厢，草莓装运量大了（高达70吨），运费也便宜了。

"我是和我的兄弟一起去的。他也是去卖草莓的。那里的价格较高，在那里出售，10～11时已经销售一空了。大约有1 000篮，到11时已经全部卖出去了。我兄弟那边有60篮，隔壁邻居有100篮、80篮、70篮、50篮、40篮等。他们的行李里有一些篮子，其他人是用马车运来的。其中卖得最多的是用火车托运的。他们过来开始装车，……然后在康塞普西翁卸车。"（男，61岁。采访日期：2016年11月10日）

在前往康塞普西翁时，生产者沿途出售水果。随着列车驶向各站点，他们向乘客出售，并与买家交易。旅程很长，到达康塞普西翁时已是夜晚，草莓小商贩不得不花钱住宿，有的干脆在车站蹲一宿。第二天开始销售，销售分为两种方式。第一种是卖给该市现有的商户，此前已经谈好了草莓的出售价格和数量。在销售当天，生产商进入水果店交付水果和收款。其中一位受访者回忆了当时的情景。

"……我们今天下午去那里，第二天在那里卖草莓，晚上再回去。到这已经晚上12时了。得第二天再拿到那里卖了……想一想，70吨的草莓，是怎么卖出去的呢？得在这待上两三天才能卖完。康塞普西翁市中心有个水果店，这个水果店将买七八十个篮子，每个篮子装 20 千克。我卖给他 14 个篮子的时候，那的其他姐妹说他们要买。"（男，80 岁。采访日期：2016 年 11 月 11 日）

第二种销售方式是康塞普西翁市场上销售。到达康塞普西翁市后，草莓小商贩必须将水果运到市场上，支付火车站叉车操作员装卸费用。到市场上后，他们打开草莓包装，让草莓透透气，防止其变黑。然后，立即将其放在一个叫 Corralón 的地方，在那里出售。人们前往那里购买心爱的白草莓，由于市场上已经使用秤盘，草莓按千克出售。这类交易结束后，无法出售的草莓继续在孔图尔莫和普伦市出售，在中心地区兜售或在街上叫卖。

"……他们白天下午离开，第二天出来销售，下午又回去……如果他们必须留下，他们都会留在车站看管草莓……他们来回很辛苦，付出了许多，在市场上交付……"（女，67 岁。采访日期：2016 年 10 月 12 日）

莱布—洛斯绍塞斯线的开通使得草莓小商贩生意兴隆，使得草莓种植规模急剧扩大。然而，1980 年，客货混合列车停运，这对草莓小商贩是沉重的打击。雪上加霜的是，随着客车的停运，1985 年该铁路线也停运了。国家铁路公司放弃了大部分基础设施和机械，而这些设施和机械已经运送乘客和货物 46 年。列车运量之所以减少是因为这一地区开始建造了许多道路工程，修建了许多乡村道路和双车道道路，该地区出现了公交服务。没了铁路服务，纳韦尔布塔站的重要性和实用性荡然无存。在这种情况下，适应新形势的新的营销方式应运而生。从 1980 年开始，设立了两个集市，买家前来采购草莓，就像莱布—洛斯绍塞斯线时代那样。

"七八十年代，火车停运了……自此以后，我们无法坐火车去出售，然后，商人来我们这里购买。"（女，73 岁。采访日期：2016 年 10 月 20 日）

最先出现的是纳韦尔布塔学校的集市，在火车停运后，这个集市立刻形成了。这个集市吸引了附近的草莓小商贩，他们用推车推着草莓到这里来卖。安戈尔、普伦和康塞普西翁买家也开着货车来进货。他们在采摘季节特定日子到达，他们在这里交易的时间从不超过几个小时。草莓的价格不断波动，一些买家支付的价格高于其他买家，导致许多草莓小商贩承诺提前交货。其中一位受访者描述了纳韦尔布塔学校集市的情况。

"我们从四面八方赶来，在学校附近的集市上卖，人们来这里购买……人们都来到了这里，即使是山那边的也过来了，他们来这里买草莓。然后到山那边卖。在纳韦尔布塔学校集市上卖……时间不长，大概 1 小时。所有卡车都在 1 小时内到，人们在这里交易一个小时。人们购买的价格不一样，有的出价高，有的出价低。他们卖给商人的价格也不一样。那里有个十字路口，因此，人们从四面八方来这里……商人有的来自普伦，有的来自安戈尔，有一些来自康塞普西翁，康塞普西翁的商人是从普伦来的。他们对这里的道路很熟，也认识草莓种植者，因此来这里购买。他们来这里，第一天来这里，第二天回去。"（男，82 岁。采访日期：2016 年 10 月 21 日）

后来，又形成了一个更大的集市——Pata de Gallina 集市。这个集市以该行业活动所开展的区域命名，那里有 3 条道路，看上去像鸡爪。那里形成了新的白草莓销售点。由于来这里买卖草莓的人特别多，这里的位置也非常重要。在采收季节，每周至少两次，交易至少持续到 1 月 8 日。这一地区的大多数草莓小商贩推着推车来到集上，而商人从普伦、孔图尔莫和康塞普西翁等地开着卡车来到这里（一些人还带着小型冰柜）。在这个路口，有一个酒吧招待人们，里面卖着酱汁、炒菜、馅饼、三明治和咖啡等。集市持续一整天，气氛很好，车上的收音机里放着音乐，人们吃喝着，玩着推圆盘游戏。

"我也去赶集，推着推车去。集市很好，也很有趣。集上有卖食品的，卖什么的都有。商人们开着货车来这里买草莓。每个集只有一天，但每周至少有两次……这个集非常重要，因为有很多人。路口都是赶集的。这里有 3 条路，这 3 条路看上去像鸡爪，这个集因此得名。"（女，73 岁。采访时间：2016 年 10 月 20 日）

在 Pata de Gallina 集市上，他们遇到了至少 30 个草莓小商贩和 10 个商人。这些商人开始砍价还价，最后商定了草莓的价格；一些按之前与生产者商定的购买，但提供的价格更好，只要他们承诺交货。买家的最终目标是按最优惠的价格买到尽可能多的草莓，以获得最大的利润，因为这些草莓在城里的销量很好。此外，这些商家带来了一些商品出售，尤其是日用品、纺织品、鱼、陶器、塑料器皿、鞋子及草莓小商贩一直感兴趣的各种物品。

"……他们来这里交付草莓，顺便购买些商品，因为来这里买草莓的商人带来了商品。他们带来了当年的糖和盐……人们买了一年需要的东西，买了所有物品……肥皂……一切……他们卖掉草莓，立即开始购物，货车上装满了家用品。"（女，55 岁。采访时间：2016 年 10 月 12 日）

这个集市持续到 20 世纪 80 年代后期，当时草莓产量开始下降。买家开始直接前往水果店购买草莓，因为随着生产放缓，草莓开始短缺。他们开车来采购，跑遍这一地区的草莓种植园；有的买家还乘坐公共汽车前来购买，并乘坐公共汽车将草莓运到康塞普西翁。其中一位受访者回忆了该集市的持续时间及结束时间。

"那个集市大约持续了八九年。我记得草莓产量下降后，那些商人就不怎么来了。大概是在 1988 年吧……1990 年人们已经不来了……草莓数量已经很少了，人们再也不那样商谈了。他们开始挨家挨户收购草莓，农户也开始在家里卖草莓了。"（女，67 岁。采访时间：2016 年 10 月 12 日）

与此同时，一些水果种植者开始前往康塞普西翁送草莓，有时单独前往，有时结伴而行，压缩了中间商的盈利空间。由于拥有必要的交通工具，他们自己开车去或租卡车去运输草莓。

"当时道路修好了，但没有交易的了。道路修好了，集市也消失了。草莓产量开始减少，他们开始修路，人们买了货车……后来，他们前往康塞普西翁卖草莓。商人的重要性因此被削弱了。"（女，55岁。采访时间：2016年10月12日）

整个20世纪90年代，随着白草莓产业的日渐衰落和纳韦尔布塔地区人工造林的发展，草莓小商贩以往的生活方式发生了变化。由于种植草莓的利润下降，人们的农业活动开始多样化，开始大力种植马铃薯、小麦、燕麦等作物（以前只是维持生计，但现在销路很好），发展畜牧业和农业。他们或者通过单一品种栽培，或者承包大型林业公司的种植活动。此外，随着越来越多的农村人前往城市发展，直接影响到了草莓小商贩，尽管这一迁移进程已经持续了几十年。由于没有了稳定的收入来源，他们只好前往城市中心寻找机会，提高生活质量。

1.4.2 白草莓派对和狂欢节

在另一方面，草莓的短缺引发了一种非常特殊的现象。白草莓越来越珍贵，一些特定的消费者（餐馆、美食专家、游客等）争相购买。孔图尔莫和普伦等城镇将其视为遗产和旅游景点。由于其价值增加，开始了几项农艺研究，而且公共机构也制定了一整套区域发展战略与旅游发展战略。因此，对于现在已非常稀缺的白草莓，出现了一种新的经销和营销方式。自20世纪80年代开始，一种称为白草莓狂欢节的活动开始广泛开展，方兴未艾。在狂欢节上，不仅经销和销售白草莓，还通过大型活动（主要是艺术活动）推广自然和文化旅游景点及当地娱乐业的发展。在这些日子里举办了手工艺品展览会，宣传了当地的纪念品、手工艺品、美食及旅游用品等。此外，还展示了当时已经稀缺的白草莓，主要是让游客品尝刚采摘的草莓或水果宾治饮料（Clery）。此外，还组织大型表演，各种艺术家将音乐、舞蹈和民间传说等艺术形式融入了他们的表演中。历史上，普伦和孔图尔莫城镇举办了两场活动。普伦草莓狂欢节有着 33 年的历史（自形成以来），该活动的目的是提升白草莓的价值；该狂欢节的活动包括重要的音乐节目、工艺品展及各种草莓推广活动，例如，曾举办过草莓小商贩记忆中规模最大的 Clery。

"普伦的草莓狂欢节有着 30 多年的历史。这是普伦规模最大的 Clery，是市长筹办的，大概在 12 年以前……"（男人，80 岁。采访时间：2016 年 11 月 11 日）

另一方面，孔图尔莫草莓节自 2000 年以来一直举办。草莓节为期 3 天，在草莓节，你可以了解该镇的历史，买工艺品和纪念品，听音乐，享美食，其中，你可以享用白草莓和 Clery。

"现在，白草莓节持续时间不超过 3 天。草莓节上销售白草莓，草莓节上展示的其他东西也出售。也供应食物和咖啡……当地人也有吃的。我们带来了草莓等植物出售。通常是在 12 月 16 日、17 日和 18 日这 3 天举行。规模很大，属于庆祝活动……但这里卖的最少的是草莓。他们卖炒菜、香肠和热狗。这里还出售 Clery，也出售很多草莓。"（女，55 岁。采访时间：2016 年 10 月 12 日）

1.5　纳韦尔布塔草莓小商贩的知识和实践

对各类社会和人群来说，当地知识的重要性是无法估量的。当地知识有助于个人进行自我调整，融入自然，从而积累生存和发展所需的经验（Mora，2008）。这里，思维、身体和环境活动发挥着重要作用，因为知识源于个人与社会、自然与个人的互动（Varela等，2005）。因此，这种知识可以理解为相互一致且有逻辑关系的条件、信仰和习俗的结合。这种知识是由对某种文化和社会的了解和独特认知形成的；源自于对生产系统和自然生态系统的观察和日常体验；包括词汇、植物或药理分类学、土壤知识体系、动物知识等。具有累积和动态的特点，基于前几代人的经验，设法适应当前新技术和社会经济的变化（Mora，2008）。

纳韦尔布塔地区草莓小商贩的知识和实践一直与上述定义有关，他们几代人致力于保护和推广智利草莓这一多样性物种遗产。白草莓的知识和遗产深深植根于致力于开展这项活动的家庭中，将这一活动视为维持生计的机会和贴近大自然的生活方式。本书描述了与这些草莓小商贩今天采用的各种白草莓生产工艺和实践相关的知识；考虑了各个阶段，从土地选用和采摘等纯农业活动到这一水果的消费和加工方式。

1.5.1 草莓栽培土地的选择

在决定栽培草莓时，第一项任务是选择栽培空间。基于与安第斯农业生态系统的密切关系和/或对其理解的当地知识和积累的经验表明，白草莓的最佳栽培地点是山丘和山坡；但前提条件是土地所有权及适于栽培的土地的可用性。受访者称，安第斯地区的地理特征决定了经济活动，山区是他们进行农业生产的唯一土地。在种植白草莓时，他们寻找特定区域，如山坡或小斜坡，这些山坡或斜坡具备该作物繁殖所需的一系列特征。那里杂草较少，因为这里较冷，温度比平原上要低。由于这里有滋养植物的地下水和泉水，水分充足；此外，那里通风条件非常好，作物可以通风。然而，在平原等平地上种植草莓的人们称，虽然可以种植草莓，但在这类土地上，水分和地下水积累，有利于各种杂草的生长，影响了草莓这一植物的生长。通常，这类土地适于其他活动，如牲畜、马铃薯或小麦作物。

"他们在山坡上，因为平原上有许多牧场。此外，草莓小商贩住在山区，他们不居住在肥沃的平原……那里饲养了许多动物，饲养的目的是产奶及其他目的。草莓在山坡上……土地在山坡上，主要在山坡上……平原上的人很少。"（男，48 岁。采访时间：2016 年 11月 10 日）

山地和山坡应始终采用未开垦的土地，最好是未开展造林、可再生农业等农业耕种的地区。那里，"腐叶土"自然沉积。经过了数百年甚至数千年有机森林材料的积累，保留了大量的营养物质，有助于作物的生长，提高产量。由此，草莓小商贩认为这种土地具有更多的力量，有助于作物长时间生存和发展。其中一个受访者谈到了这一问题。

"……土地有着更神奇的力量，可以说是最肥沃的土地了。然后，砍伐了树木，树底下到处都是落叶。他们把这称为腐叶土落叶开始腐烂并堆积，就像在森林里一样。然后，开始犁耕作业，土地变得更具有力量，腐叶成了肥料，具有长效性。"（男，80 岁。采访时间：2016 年 11 月 11 日）

在选择栽培土地后，接下来的工作就是平整土地和棚屋。首先，开始砍树，挖出树根，树木和树根使用牛拉走。接下来，砍伐灌木、树枝和现有植物，清理土地。这一步骤完成后，开始焚烧残留的东西。其中一位受访者回忆了当时的情景。

"当时，我们通常将灌木、树干等杂物清除出去……准备种植工作。那边是一片森林。我们进行清理，焚烧了杂物。地面干净了，我们将原木运出。"（男，82 岁。采访时间：2016 年 10 月 21 日）

虽然上述工作是这一地区普遍的做法，但多年来已经开始停止和废弃，这是由于未开垦土地减少，原始森林另有其他用途（可能是由于单一栽培树木种植面积增加和农业耕作面积减少）。因此，更加传统的农业应运而生，投入了适量的技术，工业与农业相结合，以充分利用肥沃的土地，满足种植和销售需求。

受访者称，作物种植土地清理完成后，在白草莓种植前，一定要先种一茬马铃薯，以便土壤先适于这种块茎植物。使用牛轭及美国犁或金属工具开始翻地，然后使用木犁开始耕地。接下来，使用钉耙（分支耙和平耙）开始松土，打破土块并进行平整。耕地和平整至少重复四次，以便尽可能保证地面平整干净，并有助于马铃薯作物的种植和管理。一般来说，在该地区，收割通常是在 2～4 月。此后，土地用于新的农业生产。马铃薯收割后，土地仍然疏松，或者适于耕种，也就是说，土地通风条件好，杂草很少，仍有以前作物的残留养分。

"首先我们种植马铃薯。土地仍适合耕种……收完马铃薯后，土地很干净，我们在土地上种草莓。"（男，82 岁。采访时间：2016 年10 月 21 日）

马铃薯收割后，土地空闲时，开始使用木制工具（仅使用木制工具）耕地。耕地重复次数不超过两次，因为土地之前已经耕种过了。接下来，使用钉耙疏松土地及土地上的块状物，然后使用平耙将土地耕的尽可能平整。除了预留出人员通道和地面径流区域外，还要制木板和建棚屋。首先，使用木桩和麻线确定每块木板的尺寸，进行空间分布。这项工作并不总是意味着采用相同的程序，通常棚屋建造在腐叶土犁耕的地方，而无需木桩和绳子。棚屋搭建完后，他们用锄头翻土，然后放置白草莓植物。其中一位受访者介绍了当时的情况。

"耕种完后，用钉耙和平耙平整土地。也就是说，确保土地平整，就像桌面一样。然后使用扦插（有时还使用犁）搭建棚屋……。然后打垄，在垄沟里栽培草莓。"（男，48 岁。采访时间：2016 年 11月 10 日）

受访者表示，在准备土地时，很长一段时间不使用任何类型的肥料。然而，从 20 世纪 60 年代开始，工业化肥开始传入并用于作物。今天最常用的肥料是重过磷酸钙、硝酸铵，硝石和红鸟粪；种植马铃薯后土地上通常还含有这些物质。

"以前什么都不用，什么肥料都不用。草莓的生长全凭土地本身所含的养分。"（男，82 岁。采访时间：2016 年 10 月 21 日）

最后，我们可以确定光照对作物空间方位的影响。人种学调查和采访发现，草莓小商贩根据日出日落的情况按东西向栽培作物。受草莓栽培所在的山丘或山地的地理条件的影响，白天草莓无法获得均匀的光照。草莓接受光照的时间在上午或下午，这主要取决于其所在的区域的光照条件。这与平原的地形条件完全不同。在平原，南北朝向的作物在白天可持续接受光照。此外，还应指出的是光照使得草莓温度更高，更容易早熟，草莓品质更高，比晚熟的草莓更好，晚熟的草莓通常颜色发暗。

"这里老早就见到太阳了。山上白天总能见到太阳……太阳一出来，那边就能照到了。"（女，67 岁。采访时间：2016 年 10 月 12 日）

1.5.2　白草莓的种植

要描述白草莓的种植，首先应介绍一下所使用的种子的来源。据受访者介绍，白草莓作物的起源分为两种。第一种是向行业其他草莓小商贩购买、与其交换或赠送，以进行创业和发展经济，种植草莓以进行水果和新作物生产。第二种与家庭核心有关，因为这种作物经常作为遗产代代相传，草莓小商贩可以自行选择和生产。

无论哪种方式，随着这一作物的繁殖，其中一个特征不断增强。智利草莓属于无性繁殖，通过从主茎基部生长出的一种被称为匍匐茎或长匍茎（当地名称）的匍匐茎，繁殖出独立于母本植物能发育新植物的根。草莓小商贩介绍称，草莓上能长出这些匍匐茎，将白草莓变成真正的白草莓种植园。匍匐茎长成一定的规模后，开始进行匍匐茎修剪。首先稍微移动作物附近的土，以便抬起长匍茎，验证新幼苗是否已经完全生根，然后使用剪刀剪切匍匐茎。新植物可以立即种植或放在一个袋子里，然后带到库房或厨房进行挑选和清洁。

"他们拿来了匍匐茎。在这里进行了修剪，然后进行清洁，再次种植。整株植物都可以剪切匍匐茎，因为如果你只剪了一部分，其他的也会死掉。匍匐茎剪掉后，它们被撕裂，因此，必须剪掉所有的匍匐茎。剪掉匍匐茎后，葡萄园就像一片草地，因为其与主植物相同，其他的小，这种植物更小。"（女，55 岁。采访时间：2016 年

10 月 12 日）

之前，修剪匍匐茎最常用的一种工具是一种带有木柄的拱形刀，被称为 corvius 或 corvo（图 1.1）。遗憾的是，这种工具的使用量一直在下降，因为没有制造这种工具的铁匠铺和人员及销售人员。其中一名受访者介绍了这一情况。

图 1.1 白草莓匍匐茎剪切用拱形刀

"此前，使用拱形刀。其中一把是我的祖父用过的。他们采用的这种工具很好用。"（女，51 岁。采访时间：2016 年 11 月 10 日）

新的草莓植物清理和选择完后，进入库房。进行这一活动的最佳时间是 5～8 月，这时由于冬季降雨，地面很湿润，非常有利于草莓栽培。同样，对月运周期的观察和理解也起着根本性的作用，因为这几个月一般是在月亏时栽种草莓。这时，白草莓植物非常旺盛，到采摘时草莓果实长得非常好。尽管这一做法非常重要，但随着时间的推移，这一做法已逐渐过时。

"……月亏时栽培，白草莓植物非常旺盛，后期果实也非常好。植物长得非常好。如果当月没有栽种，就得等到下一个月再种了……要不就得等到下一个 6 月了。"（女，67 岁。采访时间：2016 年 10 月 12 日）

采用手动种植或者采用木棍种植，在栽种植物的地面上挖一个洞，然后用土覆盖并压实植物的根。这一任务很艰巨，至少持续一整天，栽种了几袋植物。9 月还需要重新栽种，必要时可延长至 11 月；对所栽培的草莓进行检查，拔除有问题的并栽上条件较好的。一位受访者讲述了这一过程。

"9月重新种植，因为许多幼苗都没了……我们使用小棍子补苗，我们这群孩子必须重新种植，因为我们踩到的地方小。然后，我父亲会给我修剪一根小棍子。"（女，67岁。采访时间：2016年10月12日）

1.5.3　草莓的护理

正如上文所述，智利草莓是一种非常独特的物种，具有一系列特征。这些特征使其引人注目，非常具有吸引力。影响所有管理和护理工作的一个特征是，草莓生长的第一年不结果，只有从第二年才开始结果。草莓栽培18个月后才结果，栽培第一年就结果的草莓非常罕见。除了结果周期长以外，草莓小商贩还必须付出大量艰辛的劳作，同时还需要非常有耐心。草莓管理的第一步是除草，也就是松土，并拔掉草莓里的杂草。使用片状锄头或一端有两个头的更小的锄头（当地称之为cabrita或chivita），此前，使用一些更小的专用锄头（称为pitios），是一种理想的农用工具。据受访人员介绍，铁锹有利于改善根部发育。此外，还可铲除与之争抢营养的杂草，从而有利于植物的成长。其中，最常见的杂草是小酸模、细弱剪股颖、春蓼、猫耳菊和西洋蒲公英。这些工作的时间取决于草莓的品种及其大小，一般需要铲3～8铁锹，从栽培开始到采摘季节，都需要除草。

"过了8月，开始除草。9月开始第一次除草。我们把除草称为铲地……如果你铲完草后将杂草留在地里，10月和11月，你还得铲。杂草长出来后，还得铲除。杂草用手拿走，酢浆草拔了又长，反反复复，是最难除掉的。"（女，55岁。采访时间：2016年10月20日）

另一种形式的管理是匍匐茎或匍匐茎修剪（当地人称为剪枝）。匍匐茎修剪的目的是阻止匍匐茎的增长繁殖，以避免其占用过多的营养。这一工作非常常见，因为匍匐茎长得非常快，特别容易繁殖。使用剪刀或小刀修剪，剪掉的部分可以丢弃，也可以用于育苗，培育一株新草莓。一位受访者谈到了匍匐茎修剪的情况。

"应随时注意修剪匍匐茎，因为它们占用了过多的养分。"（女，51岁，男，61岁。采访时间：2016 年 11 月 10 日）

从开花和结果开始，草莓的管理活动就发生了变化。这一切从bellotas（当地人的称谓，也就是花蕾）初开时开始。9 月底至 11月初，草莓花初开。智利草莓的花为特有的白色，开花没几天就开始结果。11 月，白草莓开始结果（聚合果）并逐渐成熟，12 月就可以采摘了。随着白草莓的生长，繁重的保存和护理工作开始了。11 月下旬、12 月甚至 1 月，人们采用轮班制看护草莓，从上午 5时开始，到晚上才结束。为此，人们在草莓附近搭建了一间棚屋（图 1.2）。这种棚屋由木板和锌皮屋顶建成，以前是用树枝、木头等盖成的。看护草莓的人就临时住在棚屋里。

图 1.2　草莓看护人员所住的棚屋

白天，主要威胁是鸟类。它们会吃草莓种子，从而导致草莓畸形或后期发育不良，很难售出。其中，危害最大的鸟类是草原黄雀鸫、黑颏金翅雀、紫辉牛鹂、南美鸫、智利红领带鸫、迪卡雀和智利知更鸟。人们至少用了三种方法驱赶这些鸟。第一种方法是使用带子或扔石头（类似于弹弓），将石头抛向鸟类。第二种形式较复杂，要安装电线系统，电线固定在草莓旁边的杆上，绕过草莓，直接连接到看护草莓的棚屋。电线放在绞丝罐子里，一拉动就会发出声响，吓跑害鸟。第三种方式是近年来发明的，整个草莓种植区域都采用了防鸟网，防止鸟类接近植物。以下受访者谈到了绞丝罐子电线系统的推出和使用。

"早上 5 时，第一班开始。那里有一个小牧场，牧场上建造了一间小屋，屋顶开放，以观察四周。里面放了一点水。然后派人值班，四周观察，水凉了后，值班人员进行加热。小屋里还有带有绞丝的罐子，罐子布有拉线或电线。罐子放在那里，有人值守着。一碰绞丝，鸟就飞跑了。它们放在长杆上，绕到罐子上。这样，值班人员就不用到处走动了……"（女，55 岁。采访时间：2016 年 10 月12 日）

晚上草莓看护工作也不停止，因为狐狸和狗经常前来吃草莓。采取了防范措施，周围安装了铁丝网，挖了陷阱，放置捕兽器（huachis），在看护点栓了狗看护。有些人选择晚上值班，并避免受到这些动物的袭击。

"狐狸也经常出没，经常是在晚上……因此，晚上必须多出去转转。因此，他们给了我们一个封闭的网子，狐狸进不去，但那是多年以前的事了。为将狐狸吓跑，草莓周围栓了一犬。犬把狐狸吓跑了。另外，还挖了陷阱。"（女，73 岁。采访时间：2016 年 10 月20 日）

1.5.4　采摘和新作物周期的开始

白草莓的收获季节从 12 月 5 日或 6 日交付圣母无染原罪节，这一名称的由来是：这一时期正在庆祝圣母无染原罪节日，纪念洁贞颂的节日。草莓采摘自这一日期开始，一直持续到 1 月 20 日；最重大的采摘时刻是圣诞节和新年，因为那时草莓需求量非常大，且已采摘了许多草莓。采摘时，选取最成熟的草莓，将草莓蒂从草莓秧上摘除，留一部分草莓柄，以便容易拿草莓。

"以前和现在的收割方式相同，最难的部分是采摘……使用一根小木棍采摘。使用木棍轻轻摘除草莓，草莓几乎不和手接触。"（女，55 岁。采访时间：2016 年 10 月 12 日）

据接受采访的人介绍，以前草莓产量特别大时，每周至少采摘两次；每天要采摘几百千克的草莓，放入 15 千克、18 千克、20 千克和 22 千克的篮子交给商人。现在已经完全不是这样了。现在，每天的采摘量不到 20 千克，储存在半千克的容器中，几乎还不能填满一个或两个那样的篮子。

采摘结束后，开始清理草莓，摘掉草莓蒂和遗留花序（草莓从其生长出的部分）。然后留在草莓地，抽取新的匍匐茎，用于销售、交换或育苗。草莓地种植时间超过 5 年后，产量很低，因此可以开辟新的草莓地。其中一名受访者谈到了新周期的开始。

"在此之后，切掉所谓的遗留花序，那是草莓结果的地方。因此，一切都很干净，留下匍匐茎育苗。匍匐茎开始生根，然后切除和清洗。5 月左右，剪掉匍匐茎育苗。"（女，55 岁。采访时间：2016 年 10 月 20 日）

1.5.5 互助协作、草莓地的社区工作

过去，草莓地的大部分工作都是以社区形式开展的。这类活动被称为互助协作或免费帮忙，也就是说，在草莓地里互相帮助，共同劳作，以开展各类活动。在纳韦尔布塔地区的草莓地里，邻居或亲戚共同劳作，开展砍伐、打磨、草莓种植、翻耕等作业。找人帮忙的人应向帮忙的人提供食物和饮料；形成了互助社会公约和/或承诺，帮忙的邻居或亲戚需要帮忙时，找人帮忙的人承诺帮忙。这些社会活动涉及高度责任感、协作和互信，是加强草莓小商贩之间或家庭成员之间社区联系的纽带。在草莓地劳作时总是有丰富的食

物和浓烈的节日气氛，提供猪肉或其他动物肉与帮忙的人一同分享。此外，用餐时还提供苹果酒或葡萄酒。其中一位受访者描述了这些活动的进行时的情景。

"我们也在一起，共同劳作，也就是说他们所称的互助协作。我们经常这样！人们免费帮忙。他们说，我们打算用互助协作清洁草莓。然后，他们邀请邻居帮忙，在草莓地割了一天……有的人杀了一头猪或其他动物，买了葡萄酒，提供了茶点等，一切应有尽有。这块地完成后，我们去别的地，去帮别的邻居。"（男，80 岁。采访时间：2016 年 11 月 11 日）

遗憾的是，多年以来，由于迁徙的影响、产量的减少，以及作物种植面积的减少，互助协作越来越少。此外，人与人之间已失去信任和承诺与责任感，使得开展此类活动的古老的社区生活逐渐消亡。

1.5.6 白草莓的食用、加工和食品加工

几个世纪以来，智利草莓以其风味和香气备受青睐，既可以新鲜食用，也可以晾干或发酵后酿酒食用。虽然这些形式有一些今天仍然存在，但受历史、社会文化、经济和生态方面的影响，当前的食用、加工和制备方式已发生了变化。通过此项研究，可能确定这一水果的各种制备、加工和食用实践，总结如下：

新鲜食用是摄入这种水果最常见的形式，这种食用方式已经有多年的历史，但随着其产量的下降而减少。据老年人回忆，草莓历来是一种非常理想的食物，出现在该地区草莓小商贩的餐桌上；人们想吃草莓了，去草莓地摘就行了。随着草莓销售的发展及采摘后工作的开展，这种动态发生了重大变化，出现了草莓挑选。人们挑选销售条件较好的草莓，而那些品质较差的草莓被挑出来，供家庭成员食用。其中，挑剩下的草莓的一个例子是：很少出现在草莓地的草莓，棕色，质地类似于葡萄干，口味非常甜。草莓秧上一发现这种草莓，立即割下，在草莓地里直接食用。

另一方面，草莓特别容易腐烂。因此，非常有必要采取必要的

保存手段和方法。在这一保存类别中，常见的是脱水工艺。据一些草莓小商贩介绍，直到几十年前，这一方法仍广泛采用，但今天只存在于他们的记忆和口述历史中。这一方法的消亡可能与草莓销售的蓬勃发展有关。可能是买家的出价很高，对新鲜草莓的需求也很高，致使其完全供出售，减少了家庭成员的食用量及保存的必要性。蜜饯和果酱等新的保存方式也导致这一方法的消亡。据仍记得这一做法的人介绍，过去经常将采摘后剩下的个小的草莓晾干，或专门采摘草莓来完成这项任务。在晾干过程中，将草莓放在布上沉积，将布放在屋顶上，将草莓分开，以防他们互相接触，以避免其分解。然后用布盖上，在阳光下暴晒。草莓必须晒100天，直到天黑。然后盖上，以防霜冻造成损害。几天以后进行脱水处理，使草莓处于与葡萄干类似的状态，但比葡萄干要大。最终的结果是晒成草莓干，味道非常甜，可直接储存和食用，或浸泡在水中1天。其中一位受访者介绍了这一脱水过程。

"当然，草莓的个子很小……在人们拿走草莓之前，季节过去了，但仍还有草莓。剩下的已经变干了。将一块布铺在房顶上，将草莓分开，然后盖上一块桌布，静静地盖上一晚上。第二天，太阳出来后，再拿出来，到10时，已经很热了，掀开桌布……然后，不再放在篮子里。就在那里风干着，不会破坏任何东西。"（男，61岁。采访时间：2016年11月10日）

白草莓酱是另一种保存工艺，通过烹饪制成，用于家庭食用。由于上文所述的短缺现象，目前正处于被摒弃的状态。白草莓酱由不适合出售的个小的或较软的草莓制成。将白草莓放入锅中，加糖低温烹制。然后反复搅拌，不断研磨，直至增稠，适于做果酱。将白草莓酱放入消毒的玻璃容器中，进行最终保存。制成的草莓酱呈浅棕色或金黄色，保留了白草莓的独特风味。

"我永远也忘不了，有大量的草莓。我们经常和妈妈一起提着一大篮子草莓做纯草莓酱，制作果酱……我们只使用个小的草莓。"

（女，55 岁。采访时间：2016 年 10 月 20 日）

此外，这一种方式还包括蜜饯，可以在最佳条件下保存水果，满足在没有草莓可采摘期间的自我消费需求。遗憾的是，随着草莓的衰落，这种做法也越来越少。在制作蜜饯时，将水和糖放入锅中煮沸熬制，直至形成浓稠的糖浆。然后加入草莓并再次煮沸。将处理好的水果置于无菌玻璃容器中最后储存。这种蜜饯是在特殊场合食用的，如 9 月 18 日的宾治，或是为了给某些游客带来惊喜。

在以白草莓为主要食材的食物制备方面，有三种系统制备方法。第一种是带有烤面粉的草莓，不幸的是，这种方法今天已被遗弃了。受访者表示，这种方法制成的小吃或零食非常常见。他们带来了一些水果，使用刀叉在玻璃容器或盘子里研磨，加入烤面粉进行混合，然后就可以食用了。一位受访者描述了制作情况。

"是的，我们在草莓里添加面粉食用。在盘子上加入面粉，如果无人帮忙照管，无需加入其他东西……人们用叉子研磨，然后开始食用……这种食物营养非常丰富，带有烤面粉……这些食物是沾有面粉的草莓。"（女，67 岁。采访时间：2016 年 10 月 12 日）

第二种是制作草莓汁，一般在采摘季节制作。随着草莓日益短缺，这一方法已经被摒弃。在制作时，将水、糖和白草莓放入锅或水壶中煮沸；然后冷却，就可以食用了。最后，是用这种水果制作酒精饮料，如水果宾治（ponche）或 clery，这一制作方法今天仍在采用，因为每年采摘的草莓用于制作这一饮料的很少。这一方法之所以仍在采用，是因为这一区域当前仍举办旅游活动和草莓销售，而这种饮料备受游客的青睐。目前，这种啤酒有两种变体，用白葡萄酒制成的 clery 和用红葡萄酒制作的勃艮第葡萄酒。受访者指出，这两种变体仅在几十年前才使用，因为它们的原名是宾治。通常在 12 月的采摘季节食用，特别是在圣母无染原罪节和圣诞节期间食用，也可以在家庭聚会和随行餐点中提供。其制作方式是：将少量草莓切成小块，而另一块需要磨碎。然后加糖调味，静置一会儿，直接加入酒中，然后就可食用了。有些人选择将草莓加糖过夜，然后加入葡萄酒中。有的人不向草莓中加糖，在已处理的草莓加入后，将糖浆加入葡萄酒中。

"Clery 一直存在着。在此之前还不叫做 Clery，而是叫做宾治。主要是在节假日饮用，因为无论是在圣母节，圣诞节还是新年，宾治都是必备的。当时，宾治确实是不可或缺的。采摘草莓，一般前一天要放入糖里，然后，第二天再放入酒中。宾治还可以放在糖浆中。加入红葡萄酒，可以调制勃艮第葡萄酒和 Clery 白葡萄酒。"（女，55 岁。采访时间：2016 年 10 月 20 日）

1.6　白草莓的衰落及其原因、草莓小商贩的看法

受访者报告指出，1985—1990 年，逐渐停止大量生产白草莓。尽管晚些时候草莓地生产仍在继续，但这一时期草莓开始日渐稀缺，逐渐形成了今天这一局面；耕种面积大幅减少，栽培农民数量也日益减少，以及上述的无效生产区。这一局面是由多种因素造成的，其中，最为重要的是环境变化和这一时期森林单一栽培方法的采用。

气候变化是白草莓衰落的第一个原因，反映在温度升高，降雨、降雪量和频率降低，干旱和一年中季节长度的变化等。据草莓小商贩回忆，这些特征在几十年前特别明显；与今天明显不同。今天，雨水非常稀少，光照太强烈，冬天几乎都不怎么下雪了。所有这些因素都是白草莓作物生长和果实发育的决定因素，冬季降雪带来的低温更加重要，因为它们对于白草莓开花至关重要，决定着白草莓的产量。

"……可能现在缺的就是雪。以前，雪很多。在我很小的时候，下得雪经常有半米厚。牧场没法放牧了，就连动物也被埋住了，它们找不到吃的。我拿着草莓，草莓没有冻……无论是霜还是雪，草

莓都不会冻伤。下雪后，草莓更好看了。我觉得缺少的可能是冰。"
（男，82 岁。采访时间：2016 年 10 月 21 日）

这一时期出现了森林单一栽培，这也被认为是白草莓产量下降的原因之一，因为这带来了该地区农业生态系统的重大变化。随着松树和桉树的大面积种植，出现了一种与草莓小商贩此前所经历的不同的现象。这些种植园开始不断进行熏蒸，主要通过飞机和直升机在空中进行。据受访者介绍，空中撒落的化学药剂会影响白草莓这一作物，造成草莓植物枯萎，花干枯，最终枯死。

"由于熏蒸，正是由于熏蒸，你看。没错……11 月几乎一直在进行熏蒸作业，当时草莓地正在开花……花干枯了，直到再也不会开了。"（女，51 岁。采访时间：2016 年 11 月 10 日）

这也被认为是蜜蜂消失的可能原因之一，因为蜜蜂是农业生态系统的重要花卉授粉剂。有人评论说，过去几十年间，蜜蜂几乎从草莓上消失了，他们认为其日渐消亡与林业和农业领域化学药品用量的增加有关。蜜蜂的贡献没有了，纳韦尔布塔的草莓地生产力也随之下降，二者可能存在着紧密的关系。

"森林熏蒸不仅对植物造成了伤害，杀死了蜜蜂，也污染了草莓，因为蜜蜂授粉，使得草莓结果，而蜜蜂死了。蜜蜂死了很多。现在，很少有人有蜜蜂了……我的丈夫有 80 箱蜜蜂，许多都死了，只剩下 40 箱了，然后剩下 12 箱，最后仅剩下 4 箱，而现在一点都没有了。"（女，55 岁。采访时间：2016 年 10 月 12 日）

受访者描述的另一种情况也是白草莓稀缺的原因：单种栽培的松树每年发出的花粉或粉尘（这种现象在技术上称为风媒传粉）。这种黄尘落在所有区域，遇水和作物变得更加明显，能够影响草莓作物。

"应该是松花粉。可能是松树，开始变热，摇动，像硫黄一样，撒落灰尘。这种粉尘落在作物上，作物长得就不好。这种粉尘落在水里，变成黄色的，就像撒下的硫黄一样……因为风吹过时，所有的花粉都会掉下来。那一定是落在地上影响白草莓生长的罪魁祸首……"（男，80 岁。采访时间：2016 年 11 月 11 日）

　　土壤退化和多种病虫害等因素也可能是白草莓衰落的原因。土壤恶化是受访者经常提到的一个因素，土壤条件与之前翻耕种植的未开垦的土地截然不同。未开垦土地的消失导致每次农业用地轮作越来越少，土地过度开发，并推动了使用肥料和农用化学品的传统农业的诞生，这也造成了污染。同样，草莓地病虫害也对水果生产产生了负面影响。灰霉病、蚜虫和昆虫的幼虫都导致白草莓的生产情况发生了变化。

"你都没听过灰霉病，没听过任何病虫害。我记得，这里开始做的第一件事就是蚜虫防治……就是这种幼虫吃了花蕾。"（女，51 岁。采访时间：2016 年 11 月 10 日）

　　最后，受访者指出，由于白草莓种植人数减少，农村的迁徙进程影响了白草莓的低产量。在智利，这类迁移进程 19 世纪后期就已经开始，20 世纪中期开始加速，这主要是因为智利外资和国内资本的注入，这些资本促进了智利工业的发展，扩大了国内市场的份额。这推动了重要的城市化进程、新的就业机会、公共工程的建设，以及生活质量的提高；促进农村居民向小城市和大城市的迁移，以寻求专业化生产和新的生活方式。对于草莓小商贩，由于白草莓产量下降，林业活动的到来，他们不得不将土地出售给林业公司或改种松树和桉树，因为它们的经济回报较高。许多人都搬到康塞普西翁甚至是圣地亚哥等大城市，以谋求新的就业机会，提高生活质量，导致白草莓种植面积及种植人数减少。下面的故事介绍了这一情况。

"他们停止了种草莓，不打算种地了，而是外出务工，给林业公司打工。在这些林业种植中，也有贫穷，不收成，有贫穷。人们开始离开，种植业不再令人欢欣鼓舞了。"（女，67 岁。采访时间：

2016 年 10 月 12 日）

1.7 草莓小商贩：传统、行业及新农村背景下的身份

上文描述了一些要素。这些要素有助于了解那些将大部分时间都投入到白草莓的从业者的知识、农业实践和口头故事。这些方面凸显了这种作物在他们的生活中的重要性及其持续发展的原因，代代相传，直至今天。家庭回忆、草莓地日复一日、年复一年的劳作、丰收、销售黄金时代及草莓小商贩互助劳作生活，都是草莓小商贩的美好回忆；它们与今天的情形截然不同，而造成这一情况的问题很严重。环境、经济和社会变革导致智利草莓种植面积减少，其产量急剧减少，进而导致种植人数急剧减少。从社会人类学的角度来看，这些变化无疑是农村和地域现实的重新配置，导致对草莓小商贩及其作物现状的新认识及各种观点。这些进程要求对其身份和生产与工作实践进行描述，揭示一种未被注意的社会和文化维度。

要阐述这些问题需要详细描述理论要素，以及这些要素形成的拉丁美洲和智利背景。为此，必须了解农村的概念及其随着时间的推移而变化的方式。社会科学之所以确定这一要素，是因为其与一系列相互关联的现象相关，例如居民人口密度低及居民定居方式分散，农业和其他初级活动生产结构显著，以及城市生活方式以外的生活方式（Llambi，1996）。多年来，农村逐渐被理解为是一个受经济全球化引起的变革影响的世界。地方文化状况、生产形式、人口生活方式与生活质量、社会网络和社会力量，以及环境状况都发生了变化。农村社会各个方面都发生了这一现象，导致了新农村概念的诞生，这一因素旨在理解自全球化进程以来农村地区发生的变化（Hernández y Pezo，2010）。这一进程出现在拉丁美洲经济蓬勃发展的情景中，受到全球变化的影响。自 20 世纪 70 年代以来，农业问题和农村世界都离不开全球化及其结构调整的大背景。发生了一系列与这些进程相关的现象，产生了明显的后果。近几十年来，其中许多的问题都已经变得更加尖锐，这反映出在资本主义进程日益全球化的框架下，资本对农业的支配力度加大。因此，产生了有偿工作、职业多样化、农村工作不稳定、农村和郊区到城市人口迁移、农业生产市场定位、农业生产者与大型跨国公司决策占主导地位的工业园区结合等现象。这些要素可能与全球化及与之相关的技术进程有关（Teubal，2001）。

在智利出现了新农村及与之相关的进程。20 世纪 50 年代，智利农村已经受到生产和生活方式现代化进程的影响，各个层面都发生了一系列变化（Hernández y Pezo，2010）。以前，在很长一段时间内，都存在着一种农村结构：无论是在全国范围内，还是在地方，都存在着土地寡头政治，土地所有者将农场和庄园上的土地集中掌管，享有其支配权，并保持对其下属员工、租户、农场工人等的管理；同时，对农村城镇也有着重大的政治和经济影响。此外，农民、渔民、土著和农业合作社、工矿居民、工业劳动者和无产阶级在智利共存（Bengoa，1988；Salazar，1989；en Pezo，2007）。随后，1965—1973 年，智利进行了土地改革，因而制定了一项政治和经济战略，结束了大型庄园，改善农业状况，优化农业生产，提高国内市场的收入分配，并促进工业发展（Barril，2002；Pezo，2007）。这一进程被军事专政打断，这种专政压制这一进程的所有活动，采用某一经济模式进行反改革，该模式通过向自由市场开放寻求货币均衡。新自由主义情景建立了依赖市场的多元化生产结构；区别对待与出口和全球农业食品系统相关的大型或跨国企业、面向内市场和农业企业的大型生产单位、盈利能力较低、在生产和商业关系中处于不利地位、贫穷或教育水平低的面向直接消费和当地或国家市场的小型家庭生产者。随着独裁政权的结束，出现了一些非政府组织，这些组织致力于实施粮农组织（FAO）、世界银行、联合国拉丁美洲和加勒比经济委员会（CEPAL）、泛美开发银行（BID）、泛美农业合作协会（IICA）等国际组织制定的农村发展方法和战略。这些组织以消除农村贫困为己任，将农民生产与市场结合，并将农民纳入社会网络，以解决其问题。这些方法与新自由主义全球化有关，融入了地域性、可持续发展等理论（Pezo，2007）。

随着全球化的到来，农村及农村与城市世界的联系都发生了变革，城市与农村不再具有天壤之别，出现了新农村。社会环境方面发生了变化，人与自然之间产生了新的关系，农村土地出现了新的用途和新含义，同时造成环境退化，农村升值，重新界定其与自然的关系及其居民的性质和生活方式。在农业生产方面，出现了面向全球市场的新的农业生产方式，生产向专业化发展，单一栽培日益增多；生产和商业不对称，农民日益边缘化。在社会方面，跨国公司、大型生产商、新农民和新族群等参与者纷纷涌现，改变了农村社会形态，努力适应新的条件。最后，在文化方面，当地文化和全球化形式的文化存在着分歧和冲突，需要从全球化的角度上响应，重新评估农村的价值及当地文化的含义（Hernández 和 Pezo，2010）。

在这种新农村中，农民阶级是最为重要的社会参与者。其特征主要在经济方面，或者基于其与国家和其他社会阶层的关系。他们被视为从事农业生产（或其他主要活动的）并以农业生产为生计的农村人口，其生活方式为传统生活方式，而其生产方式与主要生产方式有联系，处于不利地位（Castro，2006）。从人类学的角度讲，农民阶级有其自己的特征，例如，其所奉行的道德团结原则、区分他们的亲属关系的主要作用及他们土地的价值，土地不仅是一种商品，而且也是一种长期赖以生存的生活方式（Rodríguez 和 Salas，2010）。据卡斯特罗（2006）介绍，这些社会参与者想象力极其丰富，能够进行社会繁殖，制定易货贸易、互助、临时就业、迁移等策略，甚至将家庭消费降低至生存的极限。其次，其指出，他们的特点不仅仅是农民或耕种者；他们还是牧羊人、采集者、猎人、渔民、林务员、园艺家、工匠甚至是领取工资的工人。其次，他指出，虽然其生产主要是维持家庭成员的生计，有时也是为了实现自给自足，在经济、技术和意识形态方面保持独立。最后，他们的生产实践主要集中在其祖传知识系统，这些系统确定了他们与自然环境和生物元素之间的关系，以及农业管理、实践和技术。

该描述允许进入一些用于提及致力于白草莓栽培的人们的陈述或类别领域；这些人的观念不同，取决于观察他们的方法。从外部或团队以外的角度来看（研究人员的角度），这些社会参与者具备上述传统农民阶级的品质；这是因为，结合他们所在的农村环境及他们所具备的社会、文化、经济和政治特征，他们与社会科学的理论表征一致。这一地区其他社会参与者，例如农业机构及其关联专业人员（技术员、农艺师、经济师等），将种植白草莓者称为生产者或农民，将他们视为进行土地耕种准备、播种、栽培、采摘、消费和销售的个人。这与 Castro（2006）所提出的观点一致。Castro 认为，这种机构及其工作人员对农民持有一种看法，这种看法基本上考量的是经济和政治参数，以纯粹的农艺标准考量，没有考虑其他层面。然而，社会参与者自身的观点描述了其自身的感知，这与其他人的观点进行对话和互动，称与智利草莓行业的发展有关。通过现场对话、采访和观察，可以确定他们将自己和同行称为草莓小商贩；这支持两点：第一点是他们对自己工作的看法，第二种是与草莓有关的个人和集体身份的构建。

"那时，这里几乎所有的人都有草莓，住在这里的所有人都是草莓小商贩……"（男，80 岁。采访时间：2016 年 11 月 11 日）

白草莓的培育工作有两种描述方式：一种是充满感情和记忆的传统，一种是市场条件下的工艺和营销。关于传统这一观点，这是该地区发展轨迹的一个要素，不同的家庭代代相传，这些家庭致力于白草莓的种植和传承。其中一名受访者谈到了这一问题：

"……从我记事以来，我的父母就是草莓小商贩。我甚至还记得，我当时还知道我祖父的草莓地，当时我 6 岁……我父亲总是跟我们说，我们是第四代仍坚守这一领域的人……看，我总是谈论最近两代，但我的家人大约 100 年前就从事着草莓种植工作。"（男，48

岁。采访时间：2016 年 11 月 10 日）

　　与这一活动相关的所有要素都是在家庭核心内学习的。从很小的时候起，他们就开始参与种植过程，如修剪枝条、栽种匍匐茎、采摘、采摘后期工作等。子女们继续以非常重要的方式为这一社会和家庭经济结构的发展做出贡献，开始一种与自然进行日常互动的生活方式，开始融入山脉、森林和庄稼。在整个童年和青春期都向他们传授知识，直到认为他们已经能够独自在草莓地种植草莓，或其已成家立业，完全独立。

　　"父母教我们种草莓，他们对草莓的要求非常严格……他俩教我们，他们当时就是草莓小商贩……我们知道，我们已经可以做一些事情，那就是培育草莓，那是我们从小就开始的工作。"（女，67 岁。采访时间：2016 年 10 月 12 日）

　　对这一职业活动的描述与草莓小商贩工作的重要性及将白草莓转化为市场动态下畅销的产品有关。20 世纪 60 年代到 80 年代末期尤为重要，销售状况达到顶峰。这一行业涉及广泛的作物相关知识，以及草莓地生产所需的一切专业知识技能。知识和经验的获取至关重要，因为它们构成以最佳方式生产和保证家庭群体生存的基础。正因为如此，这一作物所涉及的工作被认为是一种生活方式，能够创造收入，维持生计，甚至是实现繁荣发展。虽然农场上也有其他活动，例如饲养动物，种植其他作物（例如马铃薯、小麦、燕麦、水果等），毫无疑问，白草莓创造的收入更多，也更稳定。虽然这一行业经历了重要的变革，从当初的稀缺到后来的农业机构技术转让，白草莓在这一地区的经济及其种植家庭中占据着另一重要的地位：彰显农村地区经济活动多样化的旅游和美食活动。

　　"草莓是工作的源泉，是收入来源，因此我们必须工作。它是工作的源泉，但我们为什么要这样做？我们为什么要培养草莓？因为它如此可口！看到了吗？……如果不是草莓，我就不会工作，也不会拥有我现在所拥有的一切。这就是当时的生活。草莓是稳定的收入

来源。"（男，61 岁。采访时间：2016 年 11 月 10 日）

过去之所以能够依靠白草莓维持生计，是因为其在采摘季节销路很好；产生必要的货币收入，以满足家庭群体的许多基本需求。因此，白草莓可满足食物等需求，购买日用品及地里不出产的一切物品，以满足一年的所有需要。此外，还有衣服，从城市中心购买衣服，或者由商人带到该地区。生产的草莓产生的收入可提高草莓小商贩的购买力，促进其投资，例如购置土地扩大作物种植面积，购买并饲养家畜，实现其生产多样化。他们也可以教育子女，给他们提供新的机会，将收入存起来以供困难时期使用。

"我的孩子学习，每年从头到脚都打扮一番，这都归功于草莓，都归功于这些人。"（女，51 岁，男，61 岁。采访时间：2016 年 11 月 10 日）

另一方面，将其自身认定为草莓小商贩意味着一个重要的身份要素；这一地区的新旧社会参与者产生了分化。对于草莓小商贩的身份，对话和与农民身份的明确结合是显而易见的。正如前几节所述的那样，这些人所从事的各种经济活动，都与土地工作和与大自然的接触有关；增加了他们生活方式的社会因素，例如家庭核心的重要性，以及互利互助和农村地区的居住地都存进了这一身份的构建和出现，与草莓小商贩所具有的多种元素相结合。

身份不是赋予人类的天生本质，而是一个需要配置元素的社会构建过程。就共享的社会类别而言，个人通过某些品质确定其自身的身份或他人的身份。在形成他们的个人身份时，个人共同存在着某些群体忠诚性或特征，这些忠诚性或特征是在文化层面上确定的，有助于指明主体及其身份（Larraín，2001）。由于为此项研究进行的采访，可以说草莓小商贩的个人身份目前在其回忆中具有强烈的根源。许多家庭记忆都有助于确定其身份，其所提供的一系列品质有助于其身份的确定。在确定草莓小商贩自身身份时，所谓的白草莓培育传统（被认为是这一地区适当的职业）成为最强大的基础。儿时的记忆强调与父母和兄弟姐妹共同在草莓地学习，是身份认定的基础。其他许多个人经历也与这一作物有关，其中包括与其活动知识和实践有关的个人经验。

"这是个人身份的一部分……例如，最近在草莓修剪过程中，人们还记得其父母的经历及其劳作的情形；在那段岁月里，他们不停劳作，这就是他们父母的职业。对我来说，草莓生产者都是伟大的专业人员。"（男，48 岁。采访时间：2016 年 11 月 10 日）

对于草莓小商贩的集体认同而言，这些记忆也起着重要作用。在这些社会参与者讲述和故事中，很明显存在着再现集体互助劳作场面的集体记忆。存在着营销时期的经历、投身于长期劳作的故事，农村人口迁移及其他草莓小商贩放弃这一活动，使得一些人更致力于这一行业的存续的记忆。所有这些要素都变得非常普遍，逐渐被人们所熟知，从而能够认定其身份。一名草莓小商贩讲述了其中的一个回忆。

"草莓小商贩放弃了草莓，不再种地，而是外出从事林业工作。在这些森林种植园中，也有贫穷，也有无收获时，也存在着贫穷。人们开始离开。现在，只剩下最不畏艰难的人了。"（女，67 岁。采访时间：2016 年 10 月 12 日）

与此同时，开始恢复白草莓作物及其果实作为遗产的价值，这有助于对个人和集体的身份进行识别，因为作为保护者和守护者，他们对于国家生物多样性是如此重要。草莓小商贩认为这一物种具有独特性。由于其有许多优点，这一物种给他们带来了很多益处。因此，他们确保其得以保存并繁衍，认为他们有责任世代相传，将其栽培传统和行业发扬光大。

"它就是我们的珍宝……它在我们行业是非常宝贵的东西。它就像遗产和我们对草莓的记忆，它是该行业的起源。我们之所以这样做，主要不是因为我们想要更多的金钱和财富，而是它就像遗产，

令人难以忘怀！"（女，55 岁。采访时间：2016 年 10 月 20 日）

上述认知及白草莓作为一种遗产的估值与一系列要素并存。这些要素可能已经被内化，与全球化的文化和遗产理念、文化政策和农业生物多样性的全球争论有关。这来自于新的全球化关系，这一区域具有新老社会参与者。第一个要素与下列事实有关：在确定草莓小商贩自身的身份时，他们通过评估其生活方式、习俗和知识突出其与其他社会参与者的差异。这就是他们如何认识他们所从事的行业及他们所拥有的这一重要物种的特殊含义，称其具有独特性，是该地区特有的，也是其努力和传统的结果。这使得与其他农民的生活方式产生了差异，与那些城镇居民、游客和与之保持着某种社会关系的专业人士存在着差异。一位受访者谈到了下列问题：

"……经济问题、传统，已成为一种传统……这是这里的人们的传统……我从未离开。自从开始从事这一行，我从未离开这一行。这是其他的地方没有的。它如此独特，我必须将其发扬光大，因为它是这里特有的。"（女，51 岁。采访时间：2016 年 11 月 10 日）

第二个要素指的是自我认同，这一要素得以确定草莓小商贩的身份。其存在的条件是，其他人对其所做的贡献及内化的认可；他们认可其作为白草莓生产者、保护者和传承者所做的贡献。这一评估来自于他人，主要是与致力于传承这一物种的当地和外地社会参与者的关系。因此，在这种新农村的背景下，发生了新的社会关系，出现了公共和私人机构，这些机构既重视草莓小商贩的工作，也重视白草莓，试图了解和解决困扰他们的一些问题。这也适用于在处理与有志于详细了解白草莓及其种植者的游客及其所在地区的社区的关系时，这些游客和社区评估草莓小商贩的贡献。

"那是 Mininco 林业人员告诉我的；我们羡慕你们。因为有一年，我的草莓地长了许多草莓，产了 1 000 千克，都烂了。12 月的前几天，开始下雨，整个月几乎都没有停。几乎绝收了……草莓都烂了。然后，他们来看我，对我说：'难以置信吧？想从头再来吗？

绝收了吗？如果我告诉你，我们正在努力，来年再种植。'如果要想取得收获，草莓是一项长期性的工作。"（女，55 岁。采访时间：2016 年 10 月 12 日）

第三个，也是最后一个确定身份的要素是寻求认同。对于这些社会参与者，这一要素是常见的，无论是在个人还是集体层面。这基于证明这种生活方式仍然有效，现在在旅游、美食、历史和文化方面有着新的地位；这在狂欢节上非常明显，这些狂欢节旨在宣传和提升纳韦尔布塔白草莓的价值。

"因此，进行了这些活动，以增进对白草莓的了解，许多人对白草莓一无所知。"（男，61 岁。采访时间：2016 年 11 月 10 日）

上述要素的基础根植于这些要素中，支撑着纳韦尔布塔草莓小商贩的身份识别，在这三大要素的感知过程中清晰明确。首先是其过去，阐明了其过去的情况；其次是其现在，评估其今天的状况；第三，对其未来的感知，这得益于对其未来的预测和预期。不可否认的是，在农村世界，在当地和全球范围内评估其价值，这一要素区分和识别因白草莓栽培而关联的一个地区和两个市镇。同样，这一区域形成的生活方式突出了将这一行业发扬光大的意愿，在经济和文化全球化带来变革之前产生了新的转型过程。

1.8 结论和建议

可以对强大的口头故事的实际情况进行验证。这个故事描述了至少 80 年以来的生产顺序、经济和文化进程；该故事讲述了销售过程、莱布—洛斯绍塞斯铁路线建成以后带来的白草莓繁荣、火车的停运，以及集市的作用、草莓产量的下降、当前的营销方式，以及这一地区所组织的草莓狂欢节的推动作用。支撑这类故事的个人和集体记忆，构成连接这些口头故事的纽带和基础，描述了近年来不断变化的农村世界的草莓小商贩的经历。

同样，本书还发现，迄今为止，这些人仍掌握着宝贵的知识和实践。这些要素将其赖以生存的与纳韦尔布塔地区山区自然有关的传统、行业和生活方式串联起来；在发生重大经济、环境、社会、政治和文化变革时，他们能够适应变化和生存下来。我们有可能了解草莓小商贩身份的存在，这突出了农村环境的多样性；其中，草莓小商贩的身份是通过下列要素确定的：①记忆，家庭记忆以及草莓地艰苦劳作岁月的记忆；②该等行业；③该物种的拥有，这使之与其他社会参与者不同；④白草莓恢复与保护的意义；⑤草莓小商贩因其重要工作获得的认可；⑥他们所有人在宣传纳韦尔布塔地区草莓小商贩的行业和生活方式仍然存在且为社会不同领域所做的贡献时所展现出的韧性。从上述综合分析来看，与白草莓有关的社会和文化层面是显而易见的，突出了保持白草莓持续发展的人们的重要性。

最后，建议希望与纳韦尔布塔地区草莓小商贩及其作物合作的任何倡议均应考虑这些草莓小商贩的知识、实践和故事，开展知识对话，以增进各种社会参与者之间的理解，充分了解当地的农业生态系统，了解这一物种对于保护其发展的人们的重要性，以及其是如何建立家庭身份和经济的。此外，还需要在当地宣传草莓小商贩的劳作，实现白草莓对于孔图尔莫和普伦社区新一代人的遗产价值的社会化，由于儿童、青少年和成年人都了解这一物种，进而培养新的草莓小商贩。

第二章

智利白草莓的形态、物候和生理特征

Marisol Reyes M.[①]、Gerardo Tapia SM.[②]、Carlos Figueroa L.[③]
技术顾问：Arturo Lavín A.[④]

    在智利，智利草莓（*Fragaria chiloensis* L. Duch.）分布广泛，从马乌莱大区（南纬 35°30′）直到麦哲伦大区（南纬 47°33′）；然而，以前这一物种分布在圣地亚哥（南纬 33°27′），占据着智利大部分领土。甚至科皮亚波中部到南部地区也提及过天然草莓地。1646 年，Alonso de Ovalle 神父在《智利王国历史》中提到了大面积的草莓地，这些草莓地既包括自然生长的，也包括人工种植的，因为草莓的生意非常好。2000 年发表的一项研究表明，2000 年，大部分物种都位于南纬 36°（雷蒂罗）和南纬 39°（普孔）之间，其中南部地区物种更丰富。在海拔方面，最大的物种在海拔 101～1 500 米，有些植物位于海拔 1 米或 2 米，也就是说，位于海滨（Lavín 等，2000）。

    通常，智利草莓的生长环境中与其他物种的竞争程度很低。在有着大量原始森林且人为干预少的地方，这一种群分布较密集，尽管在土壤非常硬实的放牧区域以及海滩附近也可以发现白草莓。在

① 农学工程师，智利农业科学研究院 Raihuén 博士。
② 生物化学家，智利农业科学研究院 Quilamapu 博士。
③ 农学家，塔尔卡大学博士。
④ 农学家，Mg.，前研究员智利农业科学研究院 Cauquenes。

海岸区域，非常靠近海滨的地区，例如，在 Chiloé，白草莓也与其他野生物种伴生，这些野生物种可以保护白草莓免受食草动物的侵害。

上文所提到的研究（Lavín 等，2000）表明，白草莓主要位于地中海、海洋或极地气候区。此项研究中收集的大多数种质（107）都位于地中海海洋气候地区，该地区温差大（白天温差），一年有 4～6 个月是旱月。在海洋气候中发现的那些种质属于巴塔哥尼亚潮湿气候，温差也很大，但没有旱月。同时，对于苔原地区极地高山气候，最寒冷月份的最低温度在零度以下，温差比上述气候大，一年有 4～5 个旱月，发现了 101 个种质。这表明白草莓这一物种适应能力极强，能够适应各种环境，虽然一般认为其遗传多样性相当低。

在 Lavín 等（2000）收集的 283 种种质中，只有 18 种是白色水果，它们往往生长在海边或大型水体（湖泊）附近；其中只有 3 种是在野外发现的。

由于其分布范围广，该物种能适应不同的土壤条件。在白草莓最具标志性的生产区域，也就是孔图尔莫市（南纬 38°00′，西经：73°14′）和普伦（南纬 38°01′，西经：73°05′），白草莓的生长土壤主要是古代火山灰，也就是红黏土（Romero 和 Rojas，1988）。这种土壤通常很肥沃，但由于其黏土的密度、膨胀和收缩性，其物理性质较差。另一方面，在孔斯蒂图西翁地区（南纬 35°20′，西经：72°25′），这一物种也是野生的，土壤通常介于红棕色土壤和非石灰性棕壤之间，排水条件良好，但肥沃性差（Roberts y Díaz，1959）。最后，在马乌莱大区（南纬 35°）和湖大区（南纬 41°）之间的安第斯山脉脚下也可以发现几种白草莓种质，这一地区主要是火山灰类土壤。这些土壤来自火山灰，通常分为两类：排水性较好的和潮湿的土壤（Roberts y Díaz，1959）。

2.1 白草莓的形态学

形态学描述生物的外在形式。在本书中，描述了白草莓植物的各种组成器官，尤其是与草莓不同的器官（图表 2.1）。

智利白草莓属于蔷薇科（Rosaceae），通常被称为智利草莓。它是由马普切人和惠里切人栽培和食用的，他们将野生的白草莓称为 llahuen、lahueñe 或 lahueñi，将人工栽培的称为 quellghen 或 kellén（Darrow，1966）。人工栽培的白草莓由于果实个大、香气和风味更佳，首先开始栽培，即使本地族群也栽培这种白草莓。

这种植物属于多年生植物，也就是说，生长期超过两年，或者在整个生命周期内，不止一次开花和结果。白草莓具有短缩茎，通常称为根茎部。短缩茎缓慢增长，形成小节间，着生叶片和匍匐茎。通常，根茎分枝并形成 2～3 个新茎。

匍匐茎是芽或匍匐枝，由位于根茎的腋芽处抽生。匍匐茎由两个节间和一个顶芽组成。顶芽处可发育新的植株，而新植株将产生新的植物和新的匍匐茎。草莓繁殖的最简单方法是通过匍匐茎，新的植株将保留母株的特征。

叶子由三片小叶组成，边缘锯齿状。白草莓通常有 40 片叶子，但最多可达 64 片叶子。叶子颜色从浅绿色到绿色不等。通常叶子的下面有软毛（短茸毛）。在叶腋处，也就是说叶子和茎相接处的内侧发育形成芽，有的芽发育成叶片和茎，有的则开花结果，这取决于光照时长和温度。

草莓花是雌雄同体（具有两性），不过也有最终不结果的雌蕊或雄蕊，因为它们没有正确授粉。野生种质的花通常由 5～6 个花瓣组成，不过也有由 7 个花瓣的，通常为白色。在某些情况下，花序仅由一朵花组成，而在其他情况下，同一株植物上可能既存在着单花序（一朵花），也可能有多花序（一朵以上）。除其他因素外，气候条件将影响着生花的花柄或花梗的构成。

在草莓中，可食用器官在可扩展的花托部分，花托上有一组小瘦果或单果，这些果实由单花长出，排列在肉质和增厚的花轴上。在采摘时，草莓中心的果一般从花梗处摘掉。在颜色方面，白草莓果实的植物学形态为浅白色到半透明的粉红色，而巴塔哥尼亚草莓果实形态为浅红色到深红色，两种形态的果实在太阳照射到的一侧颜色更加鲜艳。

果实是非跃变型的。也就是说，一旦从草莓植物上分离，就不会继续成熟。果实是球状或圆锥形球状的，野生的平均重量为1～2克，人工栽培种质的平均重量为 6～14 克（Figueroa 等，2008）。人工栽培的智利草莓主要以其白色果肉著称，与商业草莓相比，其口感更甜、香气更浓，但其尺寸和质量参差不齐。采摘后，白草莓通常比凤梨草莓品种（*F. chiloensis* × *F. virginiana*）更容易脱水，这可能是由于细胞壁的组成不同造成的。然而，白草莓搬运和储存更容易一些（Nishizawa 等，2002）。

在关于草莓的古籍中，Alonso de Ovalle（1646）提到了智利草莓与罗马常见的草莓在香气和风味方面的差异，强调智利草莓个大如梨，以及康塞普西翁地区有红色、白色及黄色草莓。大约 70年后，Frezier 描述，整个地里都是一种草莓，其果实通常核桃那么大，有时鸡蛋那么大。纳韦尔布塔地区的生产者经常提到，他们以前所栽种的草莓个子更大；然而，目前草莓一般是 3.5 厘米。本项目开展期间收集的数据证明了这一点，其中对 8 种来自种植园的及 6 种野生的红果草莓的特征进行了分析（表 2.1）。

表 2.1　2015/2016 采摘季草莓的种质表征

采集样品	日期	开花时间	结果时间	匍匐茎长出时间	果实直径（厘米）	果实颜色
4929	2014/2015				2.1	红色
4931	2014/2015				2	红色
4933	2014/2015	9 月第三周			1.9	红色
4938	2014/2015	11 月第一周		9 月第二周	2	红色
5082	2014/2015	9 月第一周			2.2	红色
5085	2014/2015	10 月第四周			2.1	红色
Nubia		8 月第三周	10 月	9 月第一周	3.5	白色

（续）

采集样品	日期	开花时间	结果时间	匍匐茎长出时间	果实直径（厘米）	果实颜色
Luis		9月第二周			3	白色
Luis					3.5	白色
Aurelio					3.4	白色
Juan					3.2	白色
Silvia					3	白色
Contulmo					3.5	白色
Fernando					3.4	白色

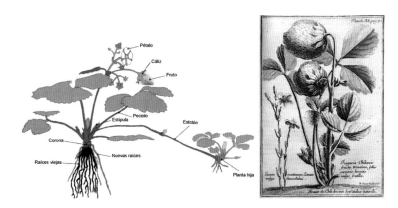

图 2.1　草莓属植物的形态学

改编自 Strand，1994（左）；Frézier，1717（右）

2.2　白草莓的物候学

物候学研究气候因素与生物周期之间的关系。可以这样说，物候学研究的是物候的季节性变化与植物适应这些变化之间的关系，适应情况可以是开花、凋落或落叶等，称为年周期。

各样本的叶、花、果、匍匐茎的形态和物候特征不尽相同。对50种质进行的研究表明，与遗传多样性相反，形态多样性非常高（Hinrichsen 等，1999；Morales C，2001）。

草莓的年周期分为开花、长出匍匐茎、结果和凋谢。在开花之前，必须首先进行诱导，也就是说发出一种信号或刺激，告诉茎尖后来需要变成一朵花，也就是说将会分化。这种叶芽变为花芽的过程发生在夏末和初秋之间，当时天气变短，气温下降。天气变短时，智利草莓将发生变化。也就是说，随着白天变短，夜晚变长，智利草莓将开出花朵。

在佩柳韦地区，当地样本开花（BAU）通常发生在 8 月中旬，并且仅结出丰硕的果实。其他种质在考古内斯进行评估，主要在10 月开花，并可能延续到 12 月（Lavín 和 Maureira，2000）。不同种质开花的数量也不相同。一对种质开 22 朵花，不过大多数种质仅开 5 朵左右。对纳韦尔布塔科迪勒拉各个区域采集的一些种质进行的观察表明，开花从 8 月的第二周开始，而结果一般是在 10 月。

在春季，抽生匍匐茎。匍匐茎持续生长，从 8 月到初秋。各种质一个季节长出的匍匐茎总数大不相同，从 12 个到 37 个不等。建议修剪匍匐茎，以便有利于开花和结果。冬季，草莓通常不怎么生长，叶片较小。

2.3　白草莓的生理特征

植物生理学是自然科学的一个分支，研究植物的内部活动，以及与其生命有关的化学和物理过程。研究内容包括光合作用、呼吸作用、植物营养、植物激素的功能、水的内部扩散、向性运动等。要研究所有这些相互作用，必须使用特殊技术和设备。在环境应力生理学方面，即环境对光合作用和水分状况的影响，使用能够揭示这些过程与植物所在环境之间关系的指标。

以下是 2016/2017 年对在 Manzanal 和 Pichihuillinco 采摘的草莓进行测量所得出的指标。测量为期两天，只有荧光仅测量一次。每个实验单元对 3 或 4 个植物进行评估，选用具有处理代表意义且无损伤或疾病迹象的植物。进行的生理评估包括：水势、气孔导率和荧光。

① 水势。水势可用于确定植物木质部的含水状态。这通常采用一种被称为斯科兰德（Scholander）泵或室的压力设备进行测量。在进行测量时，早上 10 时左右采用铝箔将叶子包好，包 2 个小时左右。随后，将叶子切掉并放入 Scholander 室确定其水势并推断植物的含水状态。

这种测量方法表明，Pichihuillinco 采集的植物要比 Manzanal 采集的植物的水分条件好（图 2.2）。然而，这两个地点的植物均未发生水分胁迫，这也与压力室记录的不谋而合。

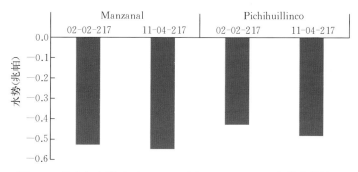

图 2.2　纳韦尔布塔地区 Manzanal 和 Pichihuillinco 白草莓植物的水势（2016/2017 季）

② 气孔导率。简言之，气孔导率是指叶片蒸发或"水分散入大气"的容易程度。因此，当出现水分胁迫情况时，电导率和蒸发水也会减少。在测定电导率时，使用气压计这一工具测量叶片表面的蒸气压和蒸气流。它通过测定叶片对水蒸气的传导率确定气孔的开放程度，这与植物叶片水分流失和光合作用中 CO_2 的吸收有关。这一设备带有夹具，夹具带有摄像头，固定在叶片上约 30 秒，然

后获得电导测量值，用毫摩/（米²·秒）表示。尽管 Scholander 室和气孔计测得的结果不相同，但水势和气孔导率通常具有相关性，可以用于确定植物含水状态的差异。

在这种情况下，两个地方相当相似，两天的评估结果明显不同（图 2.3）。第二天，植物不再吸水，可能已经进入了冬眠期，因此气孔导率几乎下降到一半，表明气体交换活性较低。

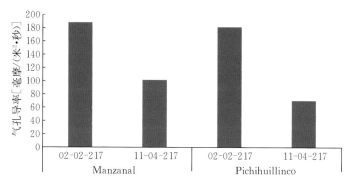

图 2.3　纳韦尔布塔地区 Manzanal 和 Pichihuillinco 白草莓植物的
　　　　气孔导率（2016/2017 季）

③ 荧光。被叶子叶绿素吸收的光能可能有 3 种用途：用于光合作用、以热的形式蒸发或以荧光的形式重新发散。这 3 种作用同时发生，其中任何一种发生变化，都会影响另外两种。因此，通过叶绿素荧光研究，可确定光合作用的影响。各种胁迫因子直接或间接影响光合作用，影响荧光的发射。荧光发射的变化可用于确定对胁迫的反应。

在进行测定时使用荧光计。需要将叶子遮光约 20 分钟，使光合作用的反应中心闭合。荧光计记录的测量值（Fv/Fm）在 0 和 0.85 系数间波动。当测量值接近 0.85 时，认为植物不处于应力条件下，并且测定值越低，应力条件越大。

在评估中，两个地区的植物未发现荧光差异（图 2.4）。然而，两个区域记录的测定值表明，这两个地区的植物状况不佳。

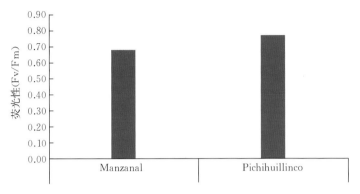

图 2.4　纳韦尔布塔地区 Manzanal 和 Pichihuillinco 白草莓植物
　　　　荧光条件（2017 年 4 月）

第三章

采用生态农业管理进行白草莓生产

Cecilia Céspedes L. [①]、Luis Devotto M. [②]、Andrés France I. [③] 和 Alberto Pedreros L. [④]

技术顾问：Marisol Reyes M. [⑤]

  智利白草莓几乎全部是孔图尔莫和普伦市纳韦尔布塔地区的科迪勒拉的农业家庭种植的，他们继承祖先的传统进行草莓栽培。自20世纪80年代以来，白草莓产量大幅下降，从15吨/公顷降至不到0.2吨/公顷，从而导致种植面积从40公顷减少到几乎5公顷。

  产量下降的部分原因是缺乏资源和培训。因此，通常在陡坡上种植，而不进行土壤保持管理，导致土壤侵蚀和退化。此外，在提高土壤肥力，保持植物质量及卫生问题防治方面，也缺乏管理。

  本章提出了在纳韦尔布塔地区条件下实现高产的推荐做法。

3.1 白草莓的栽种

3.1.1 水土流失治理

  在斜坡地带，建议在水平或径流处形成等高线，以减缓水流速

---

① 农业工程师，智利农业科学研究院 Quilamapu，理学硕士。
②③ 农业工程师，智利农业科学研究院 Quilamapu，博士。
④ 农业工程师，康塞普西翁大学，博士。
⑤ 农业工程师博士，智利农业科学研究院 Raihuén。

度，避免产生侵蚀。在小的坡面，可以手动制作田埂，在大的坡面，可以使用犁制作田埂。

水平曲线正对着斜坡。使用水平仪标出几个点，这些点必须处于同一高度。这些点汇集成一条曲线。曲线可以阻止水通过，防治水流失。

径流曲线的绘制方式相同，但其最小斜率可接近 1‰。由于径流曲线，雨季排水缓慢，而不会拖曳土壤颗粒，从而避免侵蚀和形成泥浆。

这一方法简单、费用低。因为可以制作 A 形水平测量工具。而且农民很容易获取制作材料（图 3.1）。

图 3.1　Manzanal Alto 地区径流曲线的绘制
A. 生产者人工制作的 A 型水平测量工具　B. 采用牛轭绘制径流曲线

3.1.2　田埂的制作

无论是在斜坡地带，还是在平地，都建议采用堆肥打埂，在上面栽种草莓。以改善根系发育的土壤的通气性和肥力。这可以防止根部发病，从而提高植物的生命力。

如果需要栽培草莓的土地上有植被，在翻松土壤时，土壤深度必须在 30 厘米或 35 厘米深处，以便填埋杂草。大约 10 天后（杂草分解所需的时间），必须进行跟踪，以砸碎土块。建议挖坑了解土壤的深度。如果土层压实，必须深翻底土。

在打埂时，应在中心两侧树立标记桩，间隔 1.2 米。在倾斜的土壤中，斜坡必须考虑朝向，因为曲线应正对着斜坡。在平坦区域，建议田埂南北朝向，以利用阳光。

在打埂时，首先挖土，将土堆起来，田埂的底部应为 70 厘米，顶部为 60 厘米。高度应为 35 厘米，以便植物根系充分发展。田埂间留有 50 厘米的道路（图 3.2）。

图 3.2　白草莓田埂

(Fuente izquierda：Villagrán 和 Zschau，2012)

3.2　土壤肥力管理

土壤是农业生产最重要的因素，而其最大的影响因素是农民的管理。土壤是非常多样化和复杂的系统。它是植物、动物、微生物和大型生物的栖息地，彼此相互联系。因此，必须进行土壤管理，以改善其物理性质（密度、团聚性、密实度）、化学性质（营养物质、pH、电导率）和生物性质（微生物的存在和活性）。

有机质的添加对于提高土壤的肥力至关重要，因为它增加了营养物的总含量及作物对其的利用性。这对其结构具有积极影响，因为其有助于土壤的原生颗粒（沙子、淤泥和黏土）以较大的聚集体聚集在一起。有机物的加入使得土壤之间留有多孔空间，有利于改善水的渗透性和保持作用性，减少干旱期间作物的水分胁迫，增强雨季期间的抗侵蚀性，减少地表径流量。上述情况具有重要现实意义，尤其在气候变化的新情景中，降水集中在较短的时期，导致无降水的季节更多。

向土壤中添加有机物质还可增加以有机质为食的土壤生物（分解者）的活性，这些分解者参与有机化合物的矿化，产生作物可利用的营养物质，有利于作物的生长。许多微生物都参与营养循环。因此，当施用有机质时，土壤的微生物生物量会增加。除了这些功能外，有些有机质还可释放植物生长促进剂，有些可抑制病虫害造成的损害，减少作物的健康问题。

因此，一旦田埂完成，强烈建议在田埂间每米施加2千克精心准备的堆肥（附件1）。然后，应采取土壤的复合样本，这反映了栽培作物所需的土壤条件，从而确定是否需要补充营养物质，除土壤养分外，最好使用提供有机物质和有益微生物的生物制剂。还需要监测昆虫幼虫疫情，了解昆虫种群的大小，并决定是否应对其进行控制（附件2）。

3.3 灌溉系统

尽管灌溉在白草莓中并不常见，但为了提高作物的活力，建议修建灌溉系统，以避免干旱期间作物压力。在干旱期，作物为第二年生产进行储备。

草莓具有浅根。因此，在干旱期间，灌溉具有良好的效果。通常进行局部滴灌（对于斜坡，使用自补偿滴头），在没有斜坡的平地上，仅使用滴灌带。重要的是，灌溉可以使作物获得所需的水量，因为水分过量有助于疾病的繁衍和营养流失，而缺水会导致果实太小，减少果实数量（Uribe，2013）。

第一次灌溉时间必须长，在栽种之前，首先应润湿田埂，以便对所建立的灌溉系统进行性能测试（图3.3）。

栽种完后，应立即浇水，每天浇水数次。在短期内，应保持根部生长区域土壤的湿度。草莓不需要大量的水，因为长有浅表根；最为重要的是应掌握好浇水的频率，因为理想的条件是保持根部生长区域（30～40厘米）湿润。

图 3.3　白草莓生产中的滴灌

3.4　杂草的生态农业管理

杂草管理旨在开展若干辅助活动，以便在可持续生产过程中减少杂草的影响，而无需使用农用化学品。这些活动大多数都是长期性的，以预防为主。换言之，控制本身必须以减少中长期损害的活动为主，不要期望第一年就产生太多的结果。为此，有必要了解杂草及其生命周期，并了解所有物种的杂草管理方式并不相同，因为对某些杂草物种起控制作用的措施可能会有助于其他杂草的滋生。温带气候地区的杂草通常是一年生、二年生（半年生）和多年生的，而这一情况决定了管理任务的具体内容（Pedreros 等，2011）。

一年生杂草：这些杂草的生命周期为一个季节，其生长时间各不相同；可以是 1 个月或 5～6 个月，具体取决于物种和环境条件。其传播完全靠草籽。这些杂草的控制相对容易，因为对于宽叶杂草，只要将幼苗铲除其不再重生就行了，因为它们的生长点非常暴露。这类杂草常见的有野莱菔、南美野草、马齿苋、反枝苋、藜。对于普通的草而言，在生长的第一阶段，它们的生长点几乎紧贴着地面，受到了保护。因而，需要将其铲除，因为它们可以重新发芽，不是单凭割掉就可以的（图 3.4）。这类草包括黑麦草、野燕麦、稗草、马唐、雀麦等。

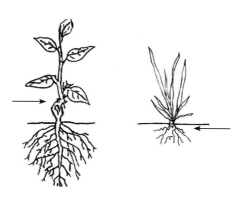

图 3.4　一年生阔叶杂草（左）和青草（右）最低再生点

二年生（半年生）杂草：这些杂草的生命周期为两季，直到第一季达到丛生状态，第二季长出花茎。这种行为取决于季节的寒冷时间，因为有些生命周期可缩短，并且一旦春化期结束，就会表现为一年生植物。在其开始生长后，切割花茎时，它们能够长出新茎，但长得更矮，草籽产量更低。这类杂草很少，包括毒芹、蓝草和野胡萝卜。一些半年生杂草与多年生杂草相似，例如野胡萝卜和蓝草，如果环境条件无法破坏其直根，在下一季节会重新发芽（图3.5）。

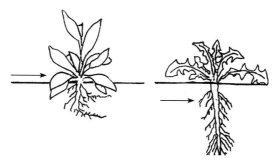

图 3.5　两年生杂草（左）和简单多年生杂草（右）最低再生点

　　多年生杂草：多年生杂草可能会完成其生命周期，也可能不会完成其生命周期，在第一季产生草籽；此后可存活多年，从根部或营养繁殖体中发芽。这些物种大多数都不耐低温，冬季或低温条件下都不生长，但一开春就会迅速生长，远比其他植物具有生长优势，因为它们是以牺牲其繁殖体的储备为代价的。

　　这一组杂草是简单多年生杂草，通过种子繁殖，但如果地上部分被铲除，可以从根茎部或多年生根部多次发芽。通过翻耕土壤可以将其连根铲除，每块杂草都可生成新的杂草。这类杂草包括蒲公英、山羊豆、车前草、皱叶酸模、长叶车前草等。另一组多年生杂草是常年多年生植物或复杂多年生植物，除了能够结籽外，它们还可以从营养繁殖体（根茎、匍匐茎、球茎、地上茎、断片）中产生新的植物，这些植物可以深埋在土壤中。

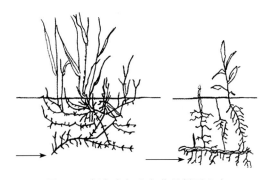

图 3.6　复杂多年生杂草最低再生点

3.4.1　纳韦尔布塔地区白草莓最常见的杂草

　　① 小酸模（Rumex acetocella）。这是白草莓种植区域类种最多的杂草，也是最难控制的杂草之一，因为其通过根茎大量蔓延。由于其在地下，生长时很难发现，第二季，其从母株迅速大面积蔓延，密密麻麻。如果土壤被高度侵染，必须永久性铲除小酸模，以防其在重新生长时长出五片叶子，在这一季节应多割几次。由于每次重新发芽都会汲取地下积累的储备物质，作物开始枯萎。如果没

有杂草，应预防其到来和传播。

② 霞糠穗草（细弱剪股颖）。这是禾本科多年生植物，其特征与小酸模根茎相似。因此，初步建议是，避免其滋生传播，如果其已滋生，通过多次铲除（尽可能深）减少其地下结构的发育和传播。如果仅采用割草的方式，与小酸模一样，它们会迅速重生，切除表面只会刺激其根茎芽发芽，增加其后期生长密度。处理方法与小酸模类似，在初级阶段反复破坏，尽量将其连根拔除。

③ 猫耳菊和蒲公英（西洋蒲公英）。这两种物种都是多年生植物，都从根部重生。因此，切除表面只会刺激其重新生长，使用耙犁等翻土只会促使每个根长成新草。建议第一批草出现时，在地下5～6厘米处从根茎部以下切除，以避免再生。

④ 苦苣菜属（苦苣菜）、早熟禾（Poa annua）、春蓼。它们是一年生植物，在土壤中非常难以铲除。主要建议是防治它们产籽，因此必须在其生长的初期进行控制。如果产籽，后期各季节繁殖非常快，苦苣菜每株可以产生高达8 000粒籽，这些草籽随风飘散。早熟禾每株最高可产2 200粒籽，春蓼每株可以产生高达19 000粒籽，有风和灌溉时传播，也可通过食用它们的动物传播，在消化道内不会遭到破坏。

表 3.1　纳韦尔布塔地区白草莓栽培相关的杂草

科	学名	俗名	生命周期	繁殖
伞形科	野胡萝卜	Zanahoria silvestre	一年生或两年生	种子
菊科	臭春黄菊	Manzanillón	一年生	种子
	菊苣	Achicoria	一年生或两年生	种子
	蒲公英	Diente de león	多年生	种子，根
十字花科	芸薹	Yuyo	一年生	种子
	荠菜	Bolsita del pastor	一年生或两年生	种子
	野莱菔	Rábano	一年生	种子

（续）

科	学名	俗名	生命周期	繁殖
	蝇子草	Calabacillo	一年生	种子
	大爪草	Pasto pinito	一年生	种子
	繁缕	Quilloi quilloi	一年生	种子
藜科	藜	Quinguilla	一年生	种子
旋花科	田旋花	Correhuela	多年生	种子、根茎
车前科	长叶车前	Siete venas	多年生	种子、根
禾本科	细弱剪股颖	Chépica	多年生	种子、根茎
	燕麦草	Pasto cebolla	多年生	种子、球茎
	意大利黑麦草	ballica	一年生	种子
	早熟禾	Piojillo	一年生	种子
蓼科	萹蓄	Sanguinaria P. del pollo	一年生	种子
	春蓼	Duraznillo	一年生	种子
	小酸模	Vinagrillo	多年生	种子、根茎
	酸模属	Romaza	多年生	种子、根
玄参科	婆婆纳	Verónica	一年生	种子

3.4.2　草莓地杂草管理

需要考虑的是，在改善草莓生产控制和气候条件的同时，条件的改善也有助于杂草的生长。因此，应将杂草控制作为一项重要任务。

所有杂草都与主要作物争水、争光、争肥和物理空间，在这种情况下，与白草莓争水、争光、争肥和物理空间。其最大的竞争期发生在营养生长期，因为开花后，植物储量内部输导作用增强。因此，建议在杂草生长初期就对其进行控制，不要超过 4 或 5 片叶子。

连续割草能够控制直立生长的一年生杂草，但通常有助于蔓延多年生杂草的生长，这些杂草成为主要杂草。这意味着为有效控制杂草，必须拔掉地下的繁殖体。

一年生杂草应在结籽之前进行控制，最好是在其生长初期进行控制，以防其与作物竞争，而半年生及多年生植物必须在再生点以下拔除，也就是说在底土中，但不应切割。栽种后复杂的杂草的控制非常困难，需要多年的努力，而且在一年中的某些时候必须进行有计划的机械控制。这些物种的主要管理策略是防治其传播到农场，如果农场已出现这些杂草，必须防止它们蔓延，在它们到达 5 片叶子之前进行切除。

在田埂上可使用聚乙烯地膜、护根塑料膜、松树皮、锯末、刨花或稻草等充分控制一年生杂草。具体选择取决于农民可负担的成本及该地区材料的可用性。无论选择哪种，所选用的材料必须完全覆盖田埂，以避免杂草萌发。这些覆盖物除了控制杂草外，还有利于草莓作物生长，保持湿度和稍高的温度，但透明塑料可使得温度过高，有利于其他类杂草的发育。

在该地区松树皮是一种廉价且随处可用的材料。然而，必须铺设非常均匀的层以使树皮之间没有空隙。建议在栽种后铺设松树皮，具体在作物已经栽培好后。松树皮具有优点，分解后可为土壤提供有机物质。然而，应逐年加大松树皮的铺设量，以便充分覆盖土壤。也可使用谷物秸秆覆盖土壤，其效果相同，不过与松树皮相比，该地区秸秆比较稀缺。

在无机材料中，防草网比聚乙烯材料效率更高，使用寿命也更长（10 年或更长），但费用也高，聚乙烯耐久性更低（2 年）。如果使用防草网或聚乙烯网（图 3.7），材料的边缘用土固定，以便其充分铺平延伸。然后，必须标出作物栽培点，并用热管钻孔，以避免所使用的网或塑料随后被撕裂。

图 3.7　使用护根网控制杂草
A. 松树皮　B. 防草网　C. 黑色聚乙烯　D. 白色聚乙烯

3.5　种植

为了确保种植质量，必须选用健康和有活力的植株（详见第四章）。

为了更好地利用田埂表面，建议按梅花形或锯齿形栽培，垄与垄间距 30 厘米，垄面宽 25～30 厘米（图 3.8）。

图 3.8　草莓交错种植法

种植时间取决于可种植的作物类型（参见第四章）。如果有新挖植物，秋收结束后应尽快种植，以避免脱水和腐烂。低温保存植物在开始进入冬休期时收割，在低温条件下保存 5 个月，而无基质。

　　为尽量避免植株受损，应保证根直立，不含空气，必须在栽培之处挖一个孔。可以使用斜切式聚氯乙烯（PVC）管，在其内放置植物，然后将其引入预制的孔中（图 3.9）。

图 3.9　白草莓种植

A、B. 新挖植物　C、D. 低温保存植物

　　田埂上的土应紧紧围绕草莓的根茎部，覆盖其一半（图 3.10）。

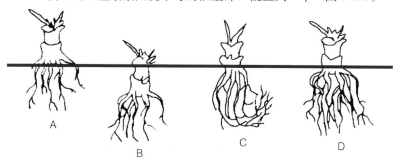

图 3.10　草莓栽种正确与错误形式

A. 根茎部过浅　B. 根茎部过深　C. 根部弯曲　D. 正确形式

3.6 白草莓修剪

3.6.1 匍匐茎修剪

白草莓的匍匐茎从根茎部的腋芽萌发形成，在春季和夏季天长和高温时长出。匍匐茎可以减少新茎的形成并削弱植物，减少果实产量。因此，应定期进行修剪（Villagrán 等，2013）。

《通过拯救纳韦尔布塔地区当地小农户生态环境和促进生态农业生产进行白草莓种植改良》项目实施结果表明，每月修剪一次匍匐茎时，叶子数量增加 1 倍，新茎数增加 50%。

3.6.2 修剪叶子

这主要是修剪无法通过光合作用对植物有益的成年生长叶。采摘后剩下的所有老叶和所有组织应作为花序残留物摘除，只留下新叶，必须小心谨慎，以免损坏植物的根茎部（图 3.11）。

如前一章所述，智利草莓对天气变短的反应较敏感。也就是说白天变短、夜间变长时开花；因此，应该在冬季进行修剪，以便植物能够积累叶片中可用的储备，储存在根茎部和根这两个储备器官中（Villagrán 等，2013）。第二年的产量取决于这些储备。在寒冷地区，如纳韦尔布塔的科迪勒拉，建议晚一点进行修剪，以保护早春时节萌发的芽。

图 3.11 白草莓修剪

患有叶斑病或白粉病等的病株也应修剪叶子，将病株从植物中剪掉，以避免疾病传染其他部位。上述污染材料最好进行堆肥。

3.7 纳韦尔布塔地区白草莓最常见的虫害

从植物健康学角度来讲，处于半野生状态的白草莓是一项有趣的挑战。至少在理论上该物种缺乏遗传改良，这表明白草莓可对各种环境做出反应，极具耐寒性。

首先，白草莓的斑块本身具有不同的成分，因为最初的植物来源可能就不同。因此，其遗传组分不一定相同，对植物噬菌体的防御能力也不同。在实践中，这一事实意味着某一特定地区的白草莓所获取的信息不一定能推定适用于其他地区，即使它们在地域上非常接近，尤其是在昆虫防治管理过程中发现的昆虫和螨虫。在未来必须进行昆虫防控管理。

其次，白草莓的能量和营养有限，这些能量和营养必须满足多种需求；整个过程都由基因控制。当某一物种进行遗传改良时，优先考虑的几乎总是生产能力，但这会产生不良后果，其他特征丧失或减少，例如对病虫害的遗传抵抗力。由于纳韦尔布塔地区的白草莓属于特例，其似乎仍有可能具有抵抗力等特征的遗传基因。许多出版物也对这一现象进行了证实。据这些出版物报道，白草莓的后代（*Fragaria×anannasa* 商业草莓）对害虫的抵抗性（包括蚜虫和螨虫攻击）各不相同。因此，极有可能这些特征中的一些存在于其亲本草莓（智利草莓）中。

在该项目的实施过程中，在各区域发现了不同年龄段的昆虫和螨虫。然后按照果农在对其果园进行监控时发现的时间先后顺序列出。

秋季，植物开始凋谢。与此同时，昆虫和螨虫完成它们的繁殖期，开始进入冬季生命周期。它们可能是卵（螨虫）、若虫（蚜虫）或幼虫（金龟子和象鼻虫）。由于其大小，以及检测和识别螨卵和/或蚜虫若虫需要一定的技能，农民的检测重点通常是以植物的根和根茎部为食的昆虫幼虫。在该项目实施的 3 年内，发现了以白草莓植物为食的金龟科（Scarabaeidae）和象鼻虫科的幼虫。

3.7.1　栗子虫或黄虫（金龟子科）

金龟子科包括成虫俗称栗子虫、黄虫的昆虫。在达到成虫发育阶段之前（该阶段也最容易发现），这些昆虫经历了卵、幼虫（白虫）和蛹的形态，这些形态不易被发现，因为它们是在地下发育的，不会被人们发现。

大多数金龟子科昆虫的生命周期包括以下几种。

A）卵。这一阶段相对较短，可达 45 天，不过通常是 2～3 周。它们位于地下几厘米处，不吃东西，因此不会造成破坏。根据金龟子的种类，卵的最长轴在 1～3 毫米。卵呈椭圆形的。它们几乎总是白色的，尽管这一颜色很难被发现。根据物种的不同，产卵一般在 10 月至翌年 3 月。

B）幼虫。随着新生幼虫的孵化，幼虫开始挣扎咬破卵，这一阶段开始。幼虫仅为几毫米，半透明，至少在生命最初几小时内是半透明的。幼虫进食时，消化道开始沾满土壤，可以通过皮肤和组织看到，此时皮肤和组织还是透明的（图 3.12）。随着幼虫为生存进食量日益增大，其体内的脂肪开始积累，就会变成特有的颜色，发育

图 3.12　长肉阶段以前的智利甲虫（pololo）幼虫；半透明的组织可见含有土壤的肠道

成俗称的白虫。这种能量积累是昆虫过冬的关键，在某些情况下，也是成虫维持能量的关键。根据金龟子种类的不同，产卵通常是在 10 月至翌年 3 月之间，因此幼虫的喂养时间也有所不同。然而，可以确定的是，进食活动最频繁的时间是 12 月至翌年 5 月，具体

取决于物种。由于其发育大小及在地下存活的时间，经过适当培训，生产者和顾问可对这些幼虫进行监测，识别相应的物种并采取控制措施。

C）蛹。为进入这一阶段，幼虫暂停进食，开始发生根本改变，其形态完全改变，形成成虫的特征结构（步行足、鞘翅、膜翅和头部、胸部和腹部强烈硬化）。这一阶段很脆弱，因此蛹很容易受到外力损伤。这一阶段常持续两到四周，根据物种的不同，蛹可能呈白色、棕色或橙色。蛹存在于成虫飞行的前几周，即 9 月至翌年 1 月。

D）成虫。这一生物周期阶段的主要目的是物种的延续；因此，雌性和雄性的身体结构都能促进其相遇（分别是分泌出能被嗅到的腺体气味及探测性触角天线），以及可飞行数百米甚至数千米的飞行结构（翅膀）。在一些物种中，成虫不进食，而一些进食，而使其生殖器官成熟。繁殖发生在作物快速增长的月份（春季和夏季）。一旦卵落地，成虫就会死亡。

由于最容易检测的阶段是幼虫和成虫，监测重点首先应为幼虫，其次是成虫。因为，如果确定发现了幼虫，可以在繁殖开始前采取措施，这一策略要比成虫出现时再消灭它们更有效。

3.7.2 树莓象鼻虫（象鼻虫科）

这些本土昆虫长期以来一直对该地区果树栽培构成威胁。早在 1905 年，就有一些象鼻虫科危害报告。它们危害了各国殖民者在孔图尔莫种植的梅树和苹果树（Rivera，1905）。关于白草莓，在文献中提到了 Maule 地区树莓象鼻虫造成的危害（Maureira 和 Lavín，2005），在纳韦尔布塔地区发现了树莓象鼻虫的幼虫和成虫。

该物种的生命周期如下：

A）卵。白色，非常小。它们位于土壤表面 10 厘米内，孵化需要两到三周。

B）幼虫。白色，无腿，头部几乎呈棕红色。它们以植物的根和根茎部为食。每株植物上有一到两只幼虫就足以造成严重损害。幼虫阶段造成的伤害最大（图 3.13）。

C）蛹。蛹也呈白色。在纳韦尔布塔地区，蛹一般出现在 10 月前后，通常为 2～3 周。其形状与成虫非常相似，不过没有成虫的厚壳。它们非常脆弱。

D）成虫。它们是具有非常硬的角质层的甲虫。它们爬得很快，但不会飞。它们咬食植物的鲜嫩部分，例如嫩芽和树皮。成虫通常是在 11 月至翌年 3 月之间，不过有些成虫可活到第二年春季，也就是说，他们可以过冬，但通常隐藏起来，很少活动（图 3.13）。

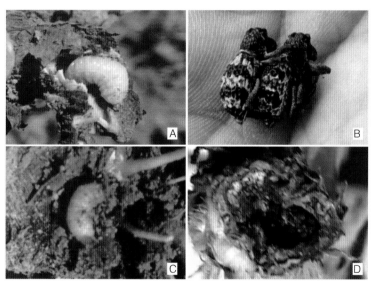

图 3.13　影响白草莓根部和根茎部的象鼻虫幼虫（A、C）。雌成虫和雄成虫（B）。象鼻虫幼虫造成的白草莓根茎部损害（D）。

冬天结束后，作物开始茁壮成长后，蚜虫和蜘蛛螨等吸食植物汁液的害虫开始明显增多。

3.7.3　蚜虫

在白草莓（Maureira 和 Lavín，2005）中，有可能发现草莓钉蚜，它们集中在叶子的下面和最柔嫩的芽中（图 3.14）。它们属于小昆虫，身体柔弱，快速繁殖。根据它们在植物中的数量大小，它们可发育成害虫，对植物造成损害，例如：

A）使作物失去活力：直接通过吸吮汁液。

B）影响生长。蚜虫吸取植物汁液，掠夺其营养。在叶

图 3.14　白草莓叶子下面的蚜虫

子上排泄出蜜露，蜜露上会长出黑色烟灰霉菌。这种深颜色的真菌可以形成一道屏障，减少叶子吸收的光照量，从而减少光合作用。

C）作物枯萎和死亡。当从一作物爬到另一作物上进食时，蚜虫可以携带传播病毒，将病毒从病株上传播到健康作物上。

3.7.4　蜘蛛螨或螨虫（叶螨属）

这些节肢动物个子小，身体柔弱，以叶肉细胞为食。根据其数量不同，螨虫可发育成害虫，因为受蜘蛛螨喂食影响的小点可以累积，直到受影响的叶子大部分表面受损，从而导致光合作用能力丧失，螨虫生长繁殖。

3.8　纳韦尔布塔地区白草莓最常见的病害

草莓病害不仅降低了果实的产量和质量，还缩短了种植园的种植寿命，直至种植园丧失其经济可行性。可发现的影响草莓的病害包括：频繁发生且对种植园造成重大损害的病害、偶尔发生且在特殊条件下才发生的对植物造成损害的病害，以及采摘后发生的病害。

草莓病害的传播是由于栽种的苗圃受到了污染，或者是种植园所使用的接种物是病株。作物因土壤中存在的病原体而发病，这些病原体是在浇水时或通过风从其他病害种植园或其他宿主物种传播过来的。

使用病株和轮作不当是种植园内病害传播和持续存在的主要原因。

3.8.1 立枯病（立枯丝核菌）

毫无疑问，这一病害是白草莓的主要健康问题。立枯病是由土壤中一种常见真菌引起的，影响多种园艺作物和一年生作物。在纳韦尔布塔地区，这一病害在马铃薯种植园中很常见。因此，染病的马铃薯庄园不要再种植草莓。这种病原体可单独影响草莓，也可与其他根真菌一起形成复合体，与镰刀菌和锥体虫共同产生更大的伤害。这种复合体是导致种植园死亡的罪魁祸首之一。症状是原发根部分坏死，颜色发黑和呈现出脱水的颜色，植株枯黄，生长减缓，花粉败育，果实成熟期延长，果实个小或干枯等（图 3.15）。

图 3.15 立枯病导致的根部坏死

必须预防这种病害，在购买作物之前检查根部，不要购买根部发黑的作物。此外，应避免使用含水量过高和氮含量高的土壤，因为它们有利于该病害的发作。此外，种植过马铃薯、番茄或豆类等作物的土地不宜再栽培草莓。高田埂是避免种植园内这种病害繁殖的良好措施，因为高田埂能改善排水性和根系通气性。在种植时，使用木霉菌①接种根和土壤，有助于保护作物不受这种病害和其他

---

① 病害防治用益生菌。

土壤病原体的侵袭，亚磷酸盐[①]也有这种作用。如果病害已发生，建议消除有症状的作物，以防其传播。

3.8.2 红中柱根腐病（卵菌纲疫霉属）

这种病害只影响根部，染病的植株病害根中柱变成红褐色，皮容易脱落（图3.16）。这种病害影响水分和营养物质的吸收，从而出现根部症状，例如萎黄病、叶子萎蔫和坏死。随着病情的发展，花和果实都会脱落，植物停止长出匍匐茎。最后，植物完全干枯，最终死亡。

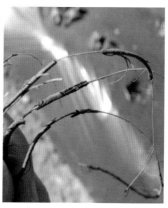

图3.16　红根根腐病导致的草莓根部皮脱落

疫霉菌通过鞭毛孢子传播，鞭毛孢子称为游动孢子，具有在水中游泳的能力。游动孢子在饱和土壤中形成，原因是过度降水或排水条件差或压实的土壤进行灌溉，或者水位较高。接种物可来自病株、灌溉水和受污染的土壤，甚至附着在农具上。该病害通过游动孢子[②]或通过与根部接触传播。在管理不善、杂草丛生、水分过多或根部受到害虫损害的种植园中，这是一种常见的病害。

---

① 增强植物免疫系统的还原形式的磷酸盐，这是预防病害的关键。
② 一些带有鞭毛在潮湿环境中游离的真菌的无性孢子。

为预防这种病害，草莓不应种植在易积水的土壤中，也不得在易受洪水影响的低洼地区或地势较高的地区。最好的预防措施是种植在高田埂上，以改善茎部排水性和根部通气性，避免形成游动孢子可以游到植物茎部的水坑。此外，建议在种植时用木霉菌接种植物，将其完全浸没在这种有益真菌的溶液中。如果已发病，建议消除有症状的植物，尽可能去除根部并将种植坑暴露在阳光下。亚磷酸盐的使用还有助于预防疾病或减少损害，只要是定期施加，且是在症状出现之前。

3.8.3 叶斑病（杜拉柱隔孢）

它是草莓的主要叶病害，其发病率受到降雨量大小和植物易感性的影响。喷灌也有利于该病害的发展，因为它与降雨的影响相似。其特征是叶子具有小脓疱（直径 1～3 毫米），中心呈灰色，被红色或紫色光环包围（图 3.17）。这些病变降低了作物的光合作用能力，影响果实中糖的储备和积累。

图 3.17 叶斑病

根据损伤程度控制该病害。如果损伤数量很少，并且这些伤害位于老叶片上，则无需进行控制。如果新生叶片发生病变，则应去除病叶，并使用与柑橘提取物混合的铜杀真菌剂。在栽培管理中，应考虑接种物的主要储存库是种植园中的病叶叶柄残余物，孢子通过它们传播到新叶片中。因此，去除病叶应该从种植园中移除，最好是放在僻静的地方堆肥。

3.8.4　白粉病（斑点单囊壳）

这种病害在夏季发病可对叶子和果实造成严重损害。应避免使用氮含量高的土壤，因为土壤氮含量高有利于这种病害的发展。这种病害的症状是叶子、花序梗和果实上出现白色菌丝（图 3.18）。严重时，叶子和花梗会干枯，水果干瘪。如不加控制，病害最终会导致叶子枯萎。农民常常将这种病害与阳光照射造成的叶子变白混淆，这种情况发生在受光照最强的叶片中。

图 3.18　草莓未成熟果实和红色草莓叶子白粉病损害

为控制这种疾病，种植园应尽可能保持通风，无杂草，春季结束后应频繁施用硫黄。如作物已患病，可进行卫生修剪，剪掉受损的叶子，但要注意将其移除出种植园用于堆肥，因为它们是接种物的来源。

3.8.5　灰腐病或灰霉病（灰葡萄孢菌）

引起这种病害的真菌广泛分布，非常具有多食性，影响许多水果和园艺物种。整株草莓对病原体都很敏感，但花和果实受影响最大，如果病害不加以控制，可能造成整株草莓完全损失。花感染这种病害，症状是凋萎和花粉败育，而果实的症状是组织软化，果汁流出，随着真菌的发展，出现软腐病，这也是该病害名字的由来（图 3.19）。

图 3.19　红草莓或草莓灰腐病

成熟的水果很容易受到灰腐病的影响，如果周围有病菌就很容易被污染。因此，种植园必需保持清洁，不要丢弃熟透的水果，不要有杂草，保持通风情况良好。由于这种病害，叶子和花保留，花和果实应丢掉，经常对作物进行卫生和清洁修剪有助于保持作物健康。在开花和果实成熟期间，可连续施加基于木霉属或芽孢杆菌的生物制品，进行预防性控制。此外，还有基于柑橘提取物或其他植物的商业产品的葡萄孢菌病害控制商业产品。该病害在采摘后继续发育。因此，水果如不立即食用，应尽快冷藏保存。

3.9　白草莓栽培的成功要素

Balzarini 等（2013）对南锥体的 100 多户农民的农业生态管理样本进行的初步研究表明，他们在生产管理方面取得了成功。实际上，他们对土壤的条件进行了改良，重新利用农场产生的有机废物，降低生产成本，并永久性地使用提供养分和有益生物的有机肥料（如堆肥或蚯蚓粪），改善土壤的结构和保持水分，实现土壤质量的不断提升和产量的增加。

该研究还确定，病虫害预防性管理是生产成功的保障。因此，那些监测了解现有的病原体和昆虫种群并进行预防性管理的农民采用相关作物、生物廊道、施用有益微生物（昆虫病原真菌，堆肥茶、生物制剂等）增加了系统的生物多样性，以预防卫生问题，减少收获损失。

最后，那些勇于创新、参加农业生态学培训和课程，以及参加农民协会的种植者比没有这样做的人取得的成效好。

对于纳韦尔布塔地区白草莓生产，项目得以建立两个试验田，通过体外培养获得健康的植株。实施了两个试验田，一个位于普伦的 Manzanal Bajo 学校，另一个位于孔图尔莫的 Pichihuillinco 学校（图 3.20）。

图 3.20　Manzanal Bajo（A）和 Pichihuillinco（B）的试验田

　　在 Manzanal Bajo 对农民采用的传统管理进行了比较，其中包括株距 30 厘米的种植园与 INIA 推荐的打埂和施用堆肥（相当于 10 吨/公顷）的种植园进行对比。这一方案进行了松树皮杂草控制，第四种方案实施了滴灌（图 3.21）。

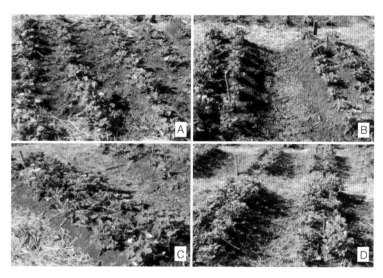

图 3.21　Manzanal Bajo 试验田处理
A. 传统管理　B. 带有堆肥的田埂　C. 带有堆肥和松树皮的田埂
D. 带有堆肥和松树皮并进行灌溉的田埂

　　最相关的结果表明，与传统管理相比，施加堆肥和田埂的使用使得产量翻一番，（在体外进行培养所获取的处理作物采用该方式，因此作物更健康，生命力也更强），因而，白草莓的产量从传统管理的 2.05 吨/公顷增加到采用堆肥和田埂的 4.13 吨/公顷。根茎部数量从传统管理的每株 1 个增加到采用堆肥和田埂的 6 个。根茎部平均直径从 2.9 毫米增加到 6.5 毫米，叶片数量从传统管理的每株 8 片增加到采用堆肥和田埂的 31 片。在以前的评估中，田埂采用松树皮或灌溉均不存在差异。也就是说，如果使用覆盖物，结果是相似的，但农民每月可以避免杂草控制产生的高成本；但需要支出松树皮的费用，增加堆肥作业的时间（详见第六章）。此外，还需要强调的是，根部覆盖物具有积极的影响，可避免果实与土壤接触，从而减少腐烂造成的损失。

在 Pichihuillinco，所有处理都是在田埂上进行的。田埂上有堆肥（约 10 吨/公顷），进行了灌溉，采用松树皮覆盖物或防杂草网进行杂草控制（图 3.22）。评估结果表明，采用防杂草网进行作物杂草控制可增加结果数量，但是采用松树皮覆盖物进行杂草控制时，草莓果实的直径更大，重量也更高。在其他评估中，差异并不明显。在任何情况下，采用防杂草网的产量都更高，每公顷达 3.02 吨。

图 3.22　Pichihuillinco 试验田处理
A. 带有堆肥的田埂　B. 带有堆肥和进行灌溉的田埂　C. 带有堆肥和松树皮并进行灌溉的田埂　D. 带有堆肥，进行灌溉和采用防杂草网的田埂

经过检测，最常见的害虫之一是树莓象鼻虫，它们损害白草莓作物的根部和根茎部。因此进行了实验室试验，对昆虫病原真菌的效果进行验证。试验采用了特定菌株控制该物种，在实验室条件下实现了对其的控制（图 3.23）。

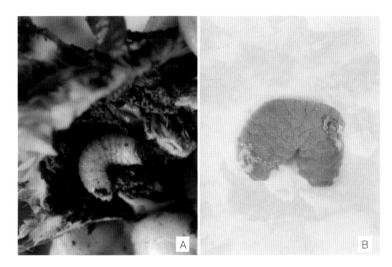

图 3.23　树莓象鼻虫幼虫

A. 从白草莓根茎内采集的树莓象鼻虫幼虫　B. 寄生于昆虫病原真菌绿僵
菌（Metarhizium anisopliae）的同一幼虫，用于控制该物种的特定菌株

　　此项农业生态研究取得的结果表明，与传统管理方式相比，两
个试验田的产量都实现翻番。这两块试验田都采用在智利农业科学
研究院实验室中通过体外培养获得的优质作物，表明了差异来源于
管理体系（使用田埂和堆肥）。如使用松树皮作为覆盖物，则杂草
控制的劳动力需求减少。此外，采用昆虫病原真菌防止病虫害，采
用生物制剂驱除蚜虫，管理更容易成功，因为当地非常容易获得这
些材料的制作资源，且价格低廉。

白草莓作物生产

Javiera Grez G. [①]、Marina Gambardella C. [②]
技术顾问：Soledad Sánchez T. [③]

对于红草莓（*Fragaria×ananassa*），已开发出专用的繁殖系统，能够保证所种植草莓的高品质。在草莓园建园时，作物应具备最佳卫生条件，如高水平的碳水化合物储备，一定程度的花芽分化。

从植物学的角度讲，草莓是一种可以通过种子自然繁殖或通过匍匐茎无性繁殖的物种。通过种子繁殖几乎完全用于遗传改良，而红草莓苗圃产业是基于其匍匐茎的生长能力，在顶芽长出新植物。匍匐茎从根茎部的腋芽萌发形成，在春季和夏季天长和高温时长出。匍匐茎的顶部长出子株的新根茎，其通过匍匐茎的维管系统吸收水和养分（Savini 等，2005）。在这个季节，一个母株可长出约100 个子株，具体取决于苗圃的种类、位置及种植管理（图 4.1）。

子株在整个夏季及秋季一部分时间生长发育，随着白天变短，气温下降，子株受到成花诱导的刺激。此后，随着温度进一步下降，作物进入冬歇期。此时，可将其与母株分开，将其切割下来，低温（−2℃）保存，直到送到农民手中。这一工序在商业苗圃中有着精确的应用，确定了不同的阶段，这些阶段在一些国家受到监管。

智利白草莓（*Fragaria chiloensis*）与草莓或红草莓的形态特

初春的白草莓　　植物匍匐茎分化　　腋芽匍匐茎开始抽生　　新植株繁殖

图 4.1　草莓通过匍匐茎无性繁殖阶段

征相似。然而，从生理学的角度来看，在建立充分的白草莓繁殖程序方面，应考虑许多重大差异。虽然这一物种和红草莓一样也是通过匍匐茎繁殖的，但是对于成花诱导所需的刺激物，人们尚缺乏认识（Grez 等，2017）。

　　在纳韦尔布塔地区的科迪勒拉（比奥比奥和阿劳卡尼亚的孔图尔莫和普伦市镇），白草莓果园有着悠久的历史，有的甚至 10 年或更长。由于这一物种没有商业苗圃，农民通常自己种植，将部分果园用作苗圃（图 4.2）。因而，可以对水果和作物进行统一管理，降低了作物的质量及生产潜力。此外，由于与其他农作物接触，所

图 4.2　普伦和孔图尔莫市镇典型的草莓地，结果的草莓作物
　　　　也抽生匍匐茎

产生的新作物极其容易感染病毒和其他病原体。这一物种通常所使用的繁殖系统是决定其低产的主要因素，危及了这一在智利具有重要社会和文化重要性的连续性种植。

由于以上原因，建议生产者在其种植园内将二者分开，一方面优化水果生产，另一方面留出一部分地用于种植草莓，以提高其品质。值得注意的是，根据商业草莓苗圃生产方案，草莓作物的生产由几个阶段组成，采用先进的实验室技术（分生组织体外培养卫生、病毒学试验、隔离等）（Gambardella 等，2014）。

本章将提出白草莓无性繁殖的一般性建议，简化过程，理解这一领域的改进有助于提高作物品质，因而对作物有利。

4.1 苗圃基地的建立

4.1.1 选址

在建立苗圃基地之前，有必要了解有助于获取高质量作物的一些因素。必须考虑地理位置，特别是作物种植所在区域的海拔高度和纬度，因为这些因素决定了繁殖速度、花芽分化的发生和作物的成熟。在春季和夏季，光照时间超过 12 小时且温度在 20～30 ℃的区域，匍匐茎最容易抽生。此外，秋季温度应显著下降，以便作物接收花芽分化的信号。冬天应该足够冷，以便积累充足的冷单位，随后均匀发芽和开花。

所有这些条件通常都在经度大于海拔 1 000 米或者纬度大于南纬 37°的区域得以实现（在智利，从洛桑赫莱斯至南部）。纳韦尔布塔地区（孔图尔莫和普伦市镇）白草莓生产主要集中在南纬 38°00′，Pichihuillinco 的一些果园海拔高度为 500 米，这一条件可能有利于作物的繁殖。然而需要指出的是，在花芽分化方面，白草莓比红草莓的条件显然更苛刻，这些条件目前尚未完全了解（Grez 等，2017）。

所选土地应尽可能为平地，沙质深土，排水良好，pH 在 5.8～6.0，供水充足。最好是远离水果生产区域，以减少受作物病虫害污染的风险。

4.1.2　整地

选址完成后建议进行土壤深翻，以确保良好的排水条件。这可以通过深耕机犁或其他动物牵引犁来完成。随后，应进行土壤翻松，以便打破土块，确保土质尽可能薄、松散和均匀。

建议在整地的最后阶段进行基本施肥。施肥必须向土壤提供氮、磷和钾（N-P-K）。这可以采用一些颗粒状的肥料，将这些肥料施加在用于栽种苗圃的所有播种区域。其中一种良好的做法是施加缓释肥料（3～6个月），在100平方米的表面上施用600～800克。在任何情况下，始终建议对苗圃栽种区域进行土壤分析，这将有助于在整个繁殖阶段确定或调整施肥需求。

4.1.3　栽种

苗圃应该在春季种植，9月底和10月初是苗圃最佳时节，因为此时芽开始以自然方式分化为葡匐茎。

需要考虑的一个方面是，苗圃中栽种的母株必须具有良好的植物检疫条件。如果使用田间剩下的作物开始生产，但该作物的卫生条件不确定，则应通过温热疗法或分生组织培养对其进行卫生处理，这两种方法都属于体外培养方法。

一旦第一株作物不含所有传染性病原体，应按行栽种，直接在平坦表面上排列，而无需打埂。建议种植行距为1.8米，株距为0.6米，虽然可能存在差距（图4.3）。

与任何草莓种植园一样，非常重要的一点是，作物应完全带根拔出，完全被土覆盖，与土壤接触。根茎部2/3应埋在土里，1/3应该与植物的芽一起露在外面。一旦栽种完毕，母株应大量浇水。

图 4.3　平坦而蓬松的土地上新栽种的草莓苗圃

4.2　繁殖期间农艺管理

在新作物的生产阶段，良好的管理是必不可少的，因为任何类型的胁迫（缺乏灌溉和养分、杂草丛生、病虫害等）都会立即减少匍匐茎的抽生。

灌溉通常使用自动洒水装置，这有利于匍匐茎根生根，而不会压实苗圃的土壤（图4.4）。在用于作物繁殖的小块土地上灌溉系统可以采用水管。灌溉系统可以沿着作物行放置，每2～3米一个穿孔，具体取决于洒水喷头的范围，并可在每个出水口安装洒水喷头。可以并行放置多行装置，也可以采用一套洒水装置，在田间移动使用。

在新株繁殖期间建议主要施用氮肥，以促进有性繁殖，尽管磷、钾、钙和镁也很重要。如果播前耕作施用氮、磷和钾，如有灌溉系统，可通过灌溉供应氮、钙和镁。另一种方法是在播种时施用肥料，然后浇水，以便肥料融入土壤和作物中。

尿素是一种常用的草莓苗圃肥料。硝酸钙和硝酸镁也是常用的肥料。表4.1为育苗期间推荐的肥料剂量。

图 4.4　采用洒水系统灌溉的商业草莓苗圃

表 4.1　推荐的肥料剂量

每 100 平方米推荐用量	11 月	12 月	1 月	2 月	3 月	总计*
肥料分配	15%	20%	30%	20%	15%	100%
尿素	300 克	400 克	600 克	400 克	300 克	2 千克
硝酸钙	150 克	200 克	300 克	200 克	150 克	1 千克
硝酸镁	150 克	200 克	300 克	200 克	150 克	1 千克

资料来源：Grez 和 Gambardella 生成的信息。

　　杂草可能是必须加以控制的重要问题，除了与作物争夺养料和水分外，他们还滋生病虫害。种植前可以使用广谱除草剂。然而，苗圃建立后不宜施用除草剂，因此应该人工控制杂草。如果用于作物生产的土地面积较小，从一开始就应定期进行手工除草，这是一个不错的选择。

　　必须严格控制病虫害。在作物繁殖季节可能存在蚜虫和红蜘蛛（叶螨），它们是最常见的害虫。可以使用一些草莓专用杀虫剂和杀螨剂杀灭它们，但应特别注意标签上标注的使用剂量和说明。常用的害虫防治产品包括：吡虫啉（剂量为 30～50 毫升），每季最多施用 2 次，每次间隔 14 天；灭多威（剂量为 100 升水 250～500 克）。对于红蜘蛛控制，可使用阿维菌素配备的杀螨剂（剂量为 100 升水

60~100 毫升）。

对于病害，叶片（白粉病、叶斑病）、根茎部（镰刀菌、疫霉菌）等都可影响其传播。为确保有效控制病害，特别是作物根茎部病害，应选择排水条件良好的沙质深层土壤，这一点非常重要。此外，应特别注意轮作。请勿使用已经栽种草莓或其他具有类似真菌问题的物种的土壤，尤其是不要在刚收完马铃薯、辣椒、番茄及一些瓜类蔬菜的土地里栽种草莓。相反，轮作时宜选用燕麦和一些豆类（大豆、豌豆等饲料作物）的栽种土地。

另一项病害控制措施是消除受病害影响的所有叶子。受感染的叶子剪掉后，必须运出田间，以消除田间接种物的来源。这些可用于制作堆肥，注意在此过程中温度应在 55 ℃ 以上保持至少 36 小时，以便杀死病原体。

此外，建议长期开展以下种植工作：

① 摘除老花和叶子，以有利于植物生长。

② 观察各行土壤的情况，以确保有利于匍匐茎生根和根部的通气。

③ 修剪匍匐茎，以便其均匀分布在田间（图 4.5）。

④ 匍匐茎抽生后将其埋在土里，以利于其生根。

图 4.5　行间匍匐茎修剪与生根

4.3 苗子收获和贮存

根据需要取得的苗类型（所谓的新挖植株和低温贮存植株），收获将在秋季或冬季进行，此时植株已经进入冬休期，呈微红色。

新挖植株秋季收割，在进入无性休眠期之前（Durner 等，2002）。最好是在初秋寒冷时间较长的地区进行，例如在高海拔地区。收割后，除去残留在根部的多余土壤和沙子。这类苗应尽快送往田间，以避免脱水和腐烂，因为它们用于秋季种植。如果移植不能很快完成，可在 2 ℃ 的条件下冷藏 1 周。

而低温贮存植株在冬季收割。在此期间，植株已经进入冬休期（7 月和 8 月）（Durner 等，2002）。收割后，应对其进行挑选和分类，并将其贮存在透明的塑料袋中，放入木箱或塑料盒中。可在 −2 ℃ 的条件下贮存 5～6 个月（图 4.6）。在冷藏之前，剪掉叶片，仅保留靠近顶点的 2～3 片嫩叶。然后，必须喷洒杀菌剂并加湿，以免在冷藏室内脱水。

在这两类苗中，主要是根据根茎的直径和根的长度进行分类，这是衡量苗质量的主要指标之一。

图 4.6 低温贮存作物的储藏

4.4 基质繁苗

白草莓作物的另一种繁殖方式是匍匐茎在装有基质的袋子或托盘中直接生根（Durner 等，2002），这一方式为纳韦尔布塔地区的许多农民所采用。如果需要的生产规模较小，可采用这一系统。

如果农民选用这种系统，建议所选用的母株具有良好的植物检疫条件。这些母株可在体积较大的（4～6 升）盆中栽培，匍匐茎的下落所依附的架子应具有一定的高度（1～1.5 米），以防匍匐茎着地（图 4.7）。

图 4.7 母株上待摘除的下落匍匐茎（A）；袋子中培养的植株（B）；实生繁育（C）

栽培日期与管理应与 4.2（繁殖期间农艺管理）所描述的类似。

第一批幼根长出且至少有两片叶时，必须摘除匍匐茎。摘除时，必须留下至少 1 厘米的匍匐茎，以便在种植时用作固着物（图 4.8）。

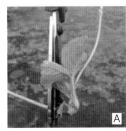

图 4.8　A. 新剪切的匍匐茎　B. 在基质基部 1 厘米处用于固着的匍匐茎　C. 容器内培养的匍匐茎

一旦摘除并放入新基质上，新生植物在根部发育时应快速放入湿度大的环境。因此，可将袋子或容器放入盒子内，盒子使用透明塑料袋密闭保存。4～6 周，匍匐茎已经生根，可以慢慢揭开植物，注意不要脱水。通过这种方式，新生植物根系已发育良好，可以直接在田间种植，也可冷藏在同一容器中。

与裸根植物相比，这类植物具有一些优点，例如，初期活力旺盛，易于移植，死亡率低，栽种时需水量相当低（Durner 等，2002）。当移植时保持完整的根系时，初期生长更好。

白草莓的匍匐茎抽生能力非常强，且花芽分化不存在重大问题，因此可以获得大量苗。然而，繁殖系统的选用取决于个体农民的具体状况。建议在土壤中建立苗圃，只要农民遵守上述轮作、隔离、土壤条件、无胁迫等条件，以及本章提及的其他因素。土壤繁殖系统对于条件和管理的要求更高，但如达到这些要求，获得的苗数量优于任何其他系统，而单个容器或袋中繁殖适用于不具备土壤繁殖最佳条件的非常小的果园。值得注意的是，这种苗的价值远高于裸根苗的价值。

无论选用哪种方法，只要农民将苗繁殖区域与生产区域分开，植株都可实现重大的改良。

白草莓体外增殖

Gerardo Tapia S. M. [1]、María Verónica Vega C. [2]
技术顾问：Marina Gambardella C. [3]

如前所述，纳韦尔布塔地区是智利主要的白草莓产区。然而，农民主要通过从母株上剪切匍匐茎进行白草莓繁殖，许多母株卫生条件差。导致白草莓苗质量较差、产量低，易受病毒感染和其他病原体的影响，这些病毒和病原体与其他作物接触时，可引发严重的问题，进而影响整个种植园。

有效的体外培养方法可以解决这一问题。这一方法是指：在无菌和受控条件下培养一块组织、细胞或苗，采用含有植株最佳发育所需的所有营养物质、维生素和矿物质的营养培养基（以明胶形式）。材料可采用热疗（热处理）和分生组织培养的方式进行卫生消毒。这是一组在植物生长点（如根和茎的顶端、正面和侧面）中发现的去分化细胞。为确认处理的有效性，有必要进行病毒学检测。随后该材料可用于微繁殖。

体外培养微繁殖可实现植株的大量繁殖，而不改变其表型特征。在所提出的方法中，采用具有良好植物检疫状态和所需农艺性状的母株。然而，作为预防措施，匍匐茎的侧芽分生组织被用作外

---

① 生物化学家，智利农业科学研究院 Quilamapu 博士。
② 生物技术工程师，智利农业科学研究院 Quilamapu。
③ 农业工程师博士，智利天主教大学。

植体开始增殖，通过这种方式确保实现最佳健康状态。

　　植物组织体外培养的一个缺点是：它可以引起体细胞克隆变异这一现象，包括培养的细胞和组织的基因改变。在诱导愈伤组织（愈伤组织细胞）形成时，这一现象更容易发生。因此，除非绝对必要，否则不宜诱导愈伤组织进行增殖。

　　关于红草莓（*Fragaria* × *ananassa*）体外培养的文献很多（Adams，1972；Boxus，1974；Jones 等，1988；Sakila 等，2007；Hasan，2010；Harugade 等，2014），但关于智利草莓（Bustos 和 Alejandra，1993；Paredes 和 Lavín，2005）的文献记载却很少。由于体外培养这一手段既可以保存具有农艺学潜力的植物材料，又可以实现其繁殖，因此非常有必要介绍智利农业科学研究院 Quilamapu 区域研究中心植物遗传资源实验室推出的一种方法，这一方法在大量获取智利草莓外植体方面取得了成功。

　　该方法主要针对本出版物所使用的种质，对于其他种质，该方法可能需要作出调整。Passey（2003）对红草莓（*Fragaria* × *ananassa*）繁殖的研究表明，各栽培品种决定了其自身的再生能力，而这些品种之间存在明显的遗传差异。因此，其他基因型可能属于顽拗性，难以繁殖。

　　接下来介绍了属于比奥比奥大区孔图尔莫市纳韦尔布塔西部地区基因型的白草莓的微繁殖方案。

5.1　智利白草莓体外微繁殖方法

　　用于研究这一方法的植株属于孔图尔莫农民提供的"Fernando"样本。用于体外繁殖的植物组织是匍匐茎的腋芽。为此，切除匍匐茎节段（约 4 厘米长），其中幼苞叶状况良好。用大量水冲洗，然后进行表面消毒，先将其浸泡在 70% 的稀释乙醇中 10 秒钟，然后在 20% 的工业用氯气中浸泡 20 分钟，滴入一滴浓缩去污剂（Triton X‐100）。然后用无菌蒸馏水（ADE）洗涤 3 次。随后，两端均切除 0.5 cm 并放入 2% 的抗氧化剂溶液（PVPP）中持续搅拌 2 小时，然后用 ADE 洗涤。

最后，将节段放入改良的 MS 培养基中（表 5.1），培养基处于无菌条件下，在 250 毫升玻璃瓶中。在室温（21～25℃）及长光周期（16 小时光照，8 小时黑暗）条件下在培养基中放置 5～7 天，光合有效辐射（PAR）发光强度为 20，为中等发光强度。在这段时间之后，当芽达到约 3 毫米时，进行采摘，提取分生组织并将其移到含有相同培养基的培养皿中。为防止组织氧化，将其置于室温和黑暗条件下 4 周。

表 5.1　繁殖培养基（补充 3% 蔗糖和 0.6% 的植物凝胶，pH 5.8）

组分	浓度（毫克/升）
MS BSM	1X
硫胺素	0.5
吡哆醇	0.5
烟酸	0.5
甘氨酸	2
肌醇	100
抗坏血酸	2.5
BAP	1
AIB	0.1
GA	0.1

资料来源：Murashie 和 Skoog（1962），根据 Joy 等（1988）有所改动。

一旦长出分生组织，就必须进行花芽分化诱导。在进行花芽分化诱导时，将培养皿移到低 PAR 1 光强度、具有长光周期和室温条件的地方 3～4 周。必须定期摘除新芽，将其移入具有相同培养基的新烧瓶中。这将促进梢增殖和延伸。将新烧瓶置于室温、长光周期、更高的发光强度（PAR 20）条件下 4 周。

在这段时间之后，将较大的外植体定期转移到具有 MS 培养基的烧瓶中，烧瓶中无激素，具有活性炭（表 5.2）。将外植体置于室温条件下，将发光强度提高至 PAR 50，保持长光周期 4 周，这将实现诱导生根。

表 5.2 诱导生根培养基（补充 3% 蔗糖和 0.6% 的植物凝胶，pH 5.8）

组分	浓度（毫克/升）
MS BSM	1X
硫胺素	0.5
吡哆醇	0.5
烟酸	0.5
甘氨酸	2
肌醇	100
抗坏血酸	2.5
活性炭	100

资料来源：Murashie 和 Skoog（1962），根据 Joy 等（1988）有所改动。

　　一旦生根，幼苗应转移到 100 立方厘米的无菌基质中，该基质由 3 份土壤、2 份泥炭和 1 份蛭石构成。然后将其放入盖有透明薄膜的温室中 5～7 天，以保存水分。随后，必须将薄膜掀开，遮蔽 3 周以进行环境驯化（图 5.1 和图 5.2）。

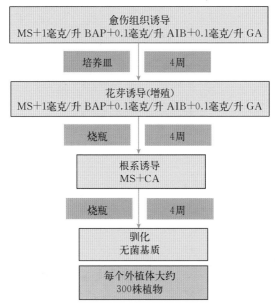

图 5.1　智利草莓微繁殖法

图 5.2 智利草莓 Fernando 样本微繁殖

A. 接种后 7 天的腋芽 B. 分生组织摘除 C. 芽诱导 D. 芽增殖和延伸
E、F. 根诱导 G、H 植株驯化过程

在智利农业科学研究院 Quilamapu 区域研究中心植物遗传资源实验室，通过这种方法，在 1 年的时间内再生了 6 000 株植物。经受环境驯化的植物达到 90% 的存活率。这些植物用于建立两块试验田，一块位于孔图尔莫的 Pichihuillinco，另一块位于普伦市镇的 Manzanal Bajo。其余的植株发给纳韦尔布塔地区的白草莓生产者，以用作其苗圃的母株。

第六章

纳韦尔布塔地区白草莓生产经济分析

Fernanda Rubilar R. [①]、Cecilia Céspedes L. 2[②]
技术顾问：Rodrigo Avilés R. 3[③]

　　纳韦尔布塔地区科迪勒拉的白草莓生产具有独特的特性，与当地称之为"fresón"的红草莓（*Fragaria* × *ananassa*）的栽培不同。这一作物代代相传，缺乏技术的采用，在坡度比较大的地区栽种（图 6.1），土壤已经使用了几代，未采取保护和恢复措施。只靠降水灌溉，几乎未进行病虫害防治。该作物是农民自己种植的，未阻止病害的传播，采用人工方式进行杂草控制，需要的工作量很大，效率低下。

　　由于项目《纳韦尔布塔地区小农户通过恢复当地生态环境和推广生态农业生产改良白草莓》的执行，可以分析采用传统技术和生态农业管理进行白草莓种植的成本。在这两种生产系统中，第一个是位于 Manzanal Alto 地区普伦市镇的一个果园（图 6.1）。该果园建于 2015—2016 年种植季，种植面积 2 500 平方米，采用传统种植方法，已种植到 2017—2018 年种植季。

　　第二个生产系统是一座同一面积的果园，采用了 INIA 推荐的白草莓生态农业管理（图 6.2）。该果园于 2016—2017 年种植季建

---

①　智利农业科学研究院 Quilamapu 商业工程师。

②　智利农业科学研究院 Quilamapu 农业工程师，理学硕士。

③　智利农业科学研究院 Quilamapu 工业土木工程师。

图 6.1　纳韦尔布塔地区 Manzanal Alto 草莓地（2016 年 10 月）

立，分析了 2017—2018 年种植季所取得的结果，并对 2018—2019 年种植季进行了规划。

图 6.2　纳韦尔布塔地区 Manzanal Bajo 采用生态农业管理种植的
　　　　白草莓（2016 年 7 月）

6.1　编制经济评估计算表

对于这两种生产情况，根据实际成本和产量情况使用有机生产系统综合分析（AISO）计算软件（Engler 和 Céspedes，2005）编制了经济评估计算表。对整地、种植、卫生管理（害虫、病害和杂草）、营养、采摘和包装有关的成本进行了分析。

由于农民通常不记录其工作和成本，传统生产管理信息是通过采访土地所有者获取的，因此，经济评估计算表所反映出的数据仅为与实际非常接近的估值。然而，第三年的产量（2 500 平方米的种植面积的产量为 150 千克）及销售价格（每千克 20 000 美元）都是农民实际取得的。农民实际开展的活动及其费用详见附件 1 的经济评估计算表。

2016—2017 年种植季没有产量，这种情况是当年的气候条件造成的。这一年，缺乏成花诱导所需的寒冷天气，因为整个纳韦尔布塔地区都没怎么开花。2017—2018 年种植季的气候条件有所不同，这一年冬天的特征是有降雪（图 6.3），这使得该地区的农民能够获得收成。

图 6.3　纳韦尔布塔地区 Pichihuillinco 机构的草莓地
　　　　降雪（2017 年 7 月）

对于 INIA 推荐的生态农业系统成本分析，采用了项目实施期间获取的成本和产量信息。分析了建园情况。为进行土壤肥力管理，各季施用了 10 吨/公顷的堆肥，每个季节向叶子上施用六次堆肥茶，以提高对病害的抵抗力。此外，为控制当地最常见的害虫（树莓甲虫），使用了昆虫病原真菌，还使用松树皮等覆盖物控制杂草，因为松树皮在当地是一种特别常见的材料，且成本低。所分析的 2017—2018 年种植季的产量为项目当年的实际产量。对于 2018—2019 年种植季，预测了与前一种植季类似的结果。

由于采用 INIA 推荐技术的产量要高（2 500 平方米种植面积的产量为 1 032 千克），推定大量农民可采用这种技术，因此，随着产量的提高，价格会有所下降。因此，采用这种管理方式的生产的销售额推定为 5 000 美元/千克。所开展的生态农业管理详情及其相关费用见附件 2 经济评估计算表。

6.2 白草莓管理系统生产成本分析

两个生产系统研究所获取的成本见表 6.1，在总成本中的占比见图 6.4。在这两种情况下，数据都是按生产要素给出的。

表 6.1　各年度各管理系统的生产成本详情（%）

年份	传统管理			INIA 生态农业管理		
	第一年	第二年	第三年	第一年	第二年	第三年
整地	4.8	0.0	0.0	0.9	0.0	0.0
栽种	80.6	0.0	0.0	73.0	0.0	0.0
杂草控制	7.8	59.6	37.5	2.5	1.3	1.2
虫害防治	0.2	1.5	1.7	1.9	6.5	6.3
病害防治	0.1	0.8	2.4	0.6	2.1	2.0
营养	1.5	0.0	2.9	9.4	21.4	20.8
辅助活动	5.0	38.1	41.9	11.7	40.0	38.9
采摘	0.0	0.0	13.6	28.7	30.8

资料来源：Rubilar 和 Céspedes 通过此项研究获取的信息。

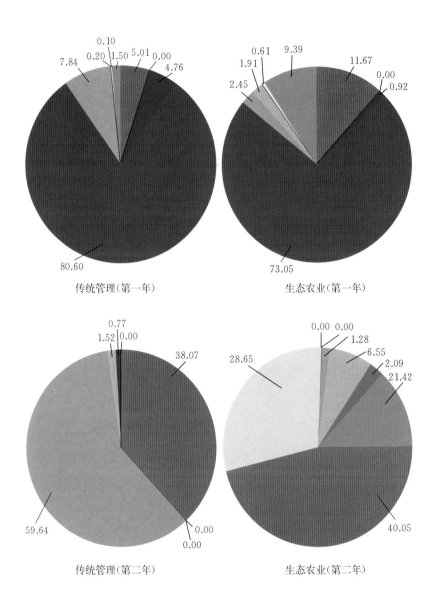

传统管理（第一年）

生态农业（第一年）

传统管理（第二年）

生态农业（第二年）

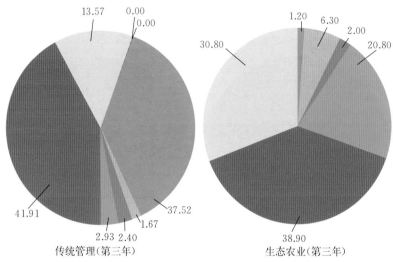

传统管理(第三年)　　　　　　　　生态农业(第三年)

■ 整地　采摘　■ 病害防治　■ 杂草控制　■ 营养　■ 栽种　■ 虫害防治　■ 辅助活动

图 6.4　各年度各管理系统的生产成本详情（单位：%）

该草莓地面积 2 500 平方米，栽种了 27 778 株苗，采用传统管理方式进行生产，包括整地、施肥、种植、匍匐茎剪切和卫生管理，第一年的总费用为 3 595 505 美元。而 INIA 推荐的生态农业管理成本为 4 629 018 美元，包括整地、营养和卫生管理、匍匐茎剪切以及在 2 500 平方米内种植 16 667 株苗。

结果表明，在生产系统建立的第一年，INIA 推荐的管理比传统管理成本高出 28.7%，这主要是同质、健康苗的价格较高（3 381 400 美元），施用堆肥进行营养管理（434 800 美元）。这与传统管理成本不同，传统管理作物购买成本为 2 897 800 美元，传统施肥成本为 53 845 美元。

在传统生产中，杂草管理的成本具有参考意义，因为它们占各季节年管理总成本的 7.8%、59.6% 和 37.5%；与 INIA 推荐的有所不同。INIA 推荐的采用松树皮覆盖物管理的占比为 2.5%、1.3% 和 1.2%。传统管理不使用覆盖物时，在所分析的三年内，生产者的成本为 846 000 美元，主要是杂草控制的人力成本。同样，INIA 推荐的方法的 3 个种植季的成本为 148 000 美元。需要指出的是，采用传统管理，这一成本在 3 年内平均分配，但在 IN-IA 推荐的管理中，第一年分配的比例是 76.8%，第二年和第三年的投资比例均为 11.6%。

虽然与农民采用的传统方法相比，病虫害防治及土壤肥力管理的费用要高，但后者效率也更高，这反映在产量上，后者的产量比传统生产的产量高出 6.9 倍。事实上，在 2017—2018 年种植季，生产者 2 500 平方米的产量为 150 千克，而同期 INIA 提出的管理方式所取得的产量为 1 032 千克。

这一分析结果表明了农民在管理中考虑以下三大要素的重要性：

① 选用健康优质的苗。本书第四章广泛探讨了这一问题，第四章也介绍了优质苗繁殖管理的必要性。

② 土壤可持续管理。可考虑使用堆肥等有机改良剂改善土壤的物理、化学和生物特性，这一问题在第三章进行了深入探讨。

③ 使用灭草覆盖物进行杂草控制。这不仅减少了杂草控制所需的劳动量，而且还为草莓根部发育提供了适当的环境，延长水分保存时间，减少温度波动。

采用本书提出的建议并结合此项专项研究成果，农民可大幅提高产量（0.25 公顷种植面积从 150 千克增加到 1 032 千克）。但这一变化也意味着生产成本的增加（3 年间同期从 4 819 992 美元增加到 7 325 955 美元）。

INIA 推荐的草莓地管理还可利用当地资源，自行配制生物制剂，恢复退化的土壤和生物多样性，进而重新评估自然资源，而这些要素目前尚未进行评估。

堆肥的制作和使用

　　将有机质加入土壤最为有效的方法之一是堆肥生产，这可以实现有机废物的重复利用。堆肥制作已有数千年的历史。由于需要维持土壤的整体肥力，即物理、化学和生物特征，这一方法已得到恢复和改进。

　　根据智利第2880号标准《堆肥—质量要求及其分类》，堆肥是在受控条件下将有机原料进行好氧分解，达到一定温度后进行消毒处理。最终产物主要是稳定的有机物质和有益微生物，其来源不明，不含病原体和可育性种子。土壤施加堆肥，可改善土壤的物理、化学和生物学特性。

　　在制作堆肥时，首先要收集植物残体和动物排泄物。根据原材料的可用性，堆宽约1.5米，长度根据具体需要确定。在中心可设置一个约2米长的杆。如果堆很长，可每隔2或3米堆一次，围绕着杆进行堆肥。

　　为保证堆肥效果，非常有必要创造一个有利的环境，以便促进微生物分解物质实现最佳发展。首先是原料（植物残体和动物排泄物）的正确配比混合。比较可行的一个方法是将原料（植物残体和动物排泄物）放在不同的层。首层是30厘米的植物残体（各种类型、绿色植物和干枯植物）层。第二层是5厘米的新鲜粪便层，然后撒上约2厘米的土壤或做好的堆肥，仅接种微生物分解物（附图1）。这些层必须根据需要重复，直到高至少1.5米，各层不要忘记浇水，以有利于微生物的发育，这些微生物遇到有利介质后便启动分解程序。在发育过程中，它们利用营养物质分解原材料。在堆完后应取出杆，以改善通气性。如果可使用专业机械设备进行堆肥，则无需使用杆，因为会频繁地进行翻土作业。

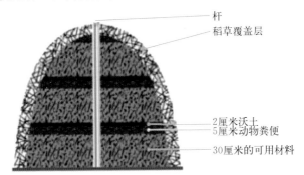

附图 1　堆肥的制作

建议堆肥堆盖上一层稻草，以减少水分蒸发。在暴雨期间，建议用塑料覆盖堆肥堆，以防止堆肥渗水饱和，改变好氧分解作用。在这些条件下，微生物发生强烈的活动，以热量的形式释放能量。通过这些热能，堆肥堆温度快速上升。保持 55 ℃以上的温度连续至少 36 小时，病原体和杂草种子难以存活，这非常有利，因为这确保在施加最终产物（堆肥）时，不会传播疾病和杂草。在最初的几周内，温度通常保持在 60～70 ℃。这一参数可以使用带有接管的温度计非常容易地测出，该接管可到达堆肥堆的中心（附图 2），

附图 2　堆肥堆温度控制

也可在肥堆上钻孔，将温度计放入。如果温度升至 75 ℃ 以上，建议将肥堆淋湿，以降低温度。

几周后，随着氧气被微生物消耗，温度开始下降。因此，堆肥应定期进行通气处理。如果肥堆不是很大，应该用叉子翻动堆肥，或者采用专用设备（附图 3）。每次翻动时，由于氧气进入，微生物的活性增加，肥堆温度再次升高，可以对最初在堆肥表面的原材料进行灭菌消毒。因此，其温度不会超过 55 ℃。

附图 3　人工翻动肥堆和采用堆肥搅拌机翻动肥堆

在整个过程中，原料混合物应该是湿润的，但不应该饱含水分，以免影响空气循环。因此，堆肥不应太压实，以保证良好的通风。要评估湿度，可以从肥堆内部取出一部分堆肥，然后攥紧。堆肥不应出水。如果手松开后，堆肥形状不变，则说明水分含量合适，如果松开手堆肥破碎，则说明应该补水（附图 4）。

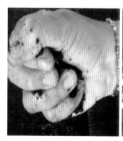

附图 4　堆肥水分评估

为了永久保持湿度，夏季建议将洒水器放在肥堆上。相反，在多雨时节，建议用塑料或麻袋覆盖肥堆，避免水分过多，营养物质和微生物被水冲刷（附图 5）。

附图 5　堆肥管理：夏季灌溉（左）和暴雨期间覆盖堆肥（右）

在这一工艺完成 3～4 个月后，尽管翻动肥堆，水分充足，但温度仍不会升高。这一阶段可以认为是堆肥开始进入腐熟阶段。在这一阶段，土壤的动物群重新堆积，可以观察到蚯蚓和昆虫。三四周后，如果已无法看出原材料，腐殖酸发出森林腐殖土和潮湿泥土的气味，无令人不快的气味，则堆肥制作完成且可以使用。如果使用场所是有机农场，或者您将申请农业土壤农业环境可持续发展激励制度奖励基金（SIRSD‐S），此时应进行取样。

要进行堆肥取样，最好在取样之前先进行翻转，以实现材料的最大均匀化。应在 5 个不同的深度处随机提取至少 20 个子样品的复合样品，将其放入 20 升的容器中混合（附图 6）。然后，取 6 升的样品，标记出农场名称和采集日期，然后迅速将其送入实验室，不要将其暴露在高温下。

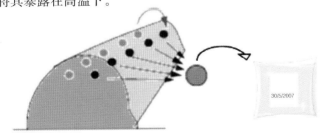

附图 6　堆肥堆取样

未腐熟的堆肥碳氮比很高，具有极端 pH，盐含量高。当与种植作物的土壤混合时，所有这些特征都可能损害或杀死植物。为了避免损坏，未腐熟的堆肥只能在作物种植前的几个月用作土壤改良剂，并以此方式确保其完全分解。

制作完的堆肥可以储存在麻袋中或散装储存，于凉爽干燥处储存，避免阳光照射，湿度至少为 40%，以确保其有益微生物的活力。

在作物或果树栽种时，堆肥在其所在的种植园施用。栽种后，也可施用堆肥，在作物周围施用。由于紫外线的作用，应始终避免其所含的有益微生物被杀死。一年生作物的推荐剂量为 20 吨/公顷，施用于整片作物。如果在种植园的各行施用，施用量可减少至 10 吨/公顷。上述施用量也适用于进行浇灌的多年生作物。在蔬菜中，建议 2 升/平方米。1 立方米堆肥的重量应在 650～700 千克。

智利农业科学研究院的研究表明，随着堆肥在土壤中的定期施用，退化的土壤得以恢复，其结构得到改善。堆肥的施用提高了土壤的渗透性和持水性，延长了土壤中活性物质的寿命。这些活性物质有利于预防病害，增强作物的活力。所有这些都有助于提高产量和质量。

附件 2

土壤幼虫监测和控制

在栽种苗圃和建立水果生产果园时，建议监测土壤幼虫。监测应在初秋进行，每公顷至少随机采集检测 10 个土壤样本。所有样品均应为 30 厘米×30 厘米×40 厘米的立方体（附图 7），将土壤里出现和识别的幼虫分开，以确定是否有必要进行控制。

附图 7 土壤样本

例如，在每平方米含有 4 个以上土壤幼虫的情况下，必须加以控制。幼虫控制可分为栽培控制、物理控制、自然控制和生物控制。

① 栽培控制：采取预防措施改变害虫的条件，避免其与作物接触。例如，含有疾病接种物的残留物的堆肥。

②　物理控制：可以减少害虫种群，防止它们出现在所栽培的作物中。为此，可使用彩色粘着诱捕器等引诱剂、采用洋葱和大蒜以生物方式制备的大蒜培养物等驱虫剂，以及抗病毒网等防护设施。

③　自然控制：利用大自然的生态系统服务。例如，培养害虫天敌，例如控制蚜虫的瓢虫或黄蜂。

④　生物防治：生物防治是指通过人工方式增殖生物体并释放到作物中，以发挥其作用（拟寄生物、捕食者或病原体），从而减少病虫害的负面影响。这些生物体是生物杀虫剂，包括昆虫病原真菌，这类微生物能够导致昆虫染病，最终将其杀灭。

图书在版编目（CIP）数据

智利白草莓的恢复与改良／（智）塞西莉亚·塞斯佩德斯 L. 主编；张运涛，赵密珍，王桂霞主译校 . —北京：中国农业出版社，2019.11
ISBN 978 - 7 - 109 - 26255 - 3

Ⅰ.①智⋯ Ⅱ.①塞⋯ ②张⋯ ③赵⋯ ④王⋯ Ⅲ.①草莓－果树园艺 Ⅳ.①S668.4

中国版本图书馆 CIP 数据核字（2019）第 264287 号

Rescate y valorización de la frutilla blanca en el territorio de Nahuelbuta
Cecilia Céspedes L.
Original Spenish edition published by Instituto de Investigaciones Agropecuarias

中国农业出版社出版
地址：北京市朝阳区麦子店街 18 号楼
邮编：100125
责任编辑：王黎黎 张 利 李 蕊
版式设计：杜 然 责任校对：巴洪菊
印刷：北京通州皇家印刷厂
版次：2019 年 11 月第 1 版 印次：2019 年 11 月北京第 1 次印刷
发行：新华书店北京发行所
开本：880mm×1230mm 1/32
印张：4.25 字数：105 千字
定价：60.00 元